女人**不懂理财，**注定**辛苦一辈子**

优雅女人的投资理财书
最接地气的女人发财宝典

|李金水　薄志红◎编著|

U0309866

女人就是要有钱！

理财是女人一辈子的事，会理财的女人才有未来！

立信会计 出版社
LIXIN ACCOUNTING PUBLISHING HOUSE

图书在版编目（CIP）数据

女人不懂理财，注定辛苦一辈子 / 李金水, 薄志红
编著. — 上海：立信会计出版社, 2014.6
　　（去梯言）
　　ISBN 978-7-5429-4220-3

Ⅰ.①女… Ⅱ.①李… ②薄… Ⅲ.①女性–财务管
理–通俗读物 Ⅳ.①TS976.15–49

中国版本图书馆CIP数据核字（2014）第068407号

策划编辑　蔡伟莉
责任编辑　余　榕
封面设计　久品轩

女人不懂理财，注定辛苦一辈子

出版发行　立信会计出版社
地　　址　上海市中山西路2230号　　　邮政编码　200235
电　　话　(021) 64411389　　　传　　真　(021) 64411325
网　　址　www.lixinaph.com　　　电子邮箱　lxaph@sh163.net
网上书店　www.shlx.net　　　电　　话　(021) 64411071
经　　销　各地新华书店

印　　刷　北京柯蓝博泰印务有限公司
开　　本　720毫米×1000毫米　　　1/16
印　　张　19.25　　　插　页：1
字　　数　260千字
版　　次　2014年6月第1版
印　　次　2019年6月第10次
书　　号　ISBN 978-7-5429-4220-3/T
定　　价　36.00元

如有印订差错，请与本社联系调换

前　言

作为一个女人，有钱意味着什么？有钱可以让女人做自己想做的事，可以让生活更有品味更优雅！可以让别人更尊重更欣赏自己，从而让自己实现自己的价值，但最重要的还是有钱能让自己很快乐，从方方面面来表达自己的快乐！

女人有钱能让自己更美丽；女人有钱才能够真正独立不再依靠男人；女人有钱可以环游自己梦里都想去的地方；女人有钱可以帮助很多人，成为那些得到你帮助的人心中的太阳；女人有钱可过自己想要的生活……如果你现在还与金钱无缘的话，该怎样改变这种状态呢？

本书就教你如何做一个有钱的女人，如何去理财，如何让自己活得更精彩。

也许有很多女人天生就不喜欢做女强人，也不指望自己去赚很多的钱，认为嫁个有钱的老公就行了。但是，总有一天女人必须要靠自己过日子，只有自己才能保障自己的未来。

女人一定要有钱！

再穷，也要去旅行！《圣经》说："不要太贫穷，否则会丢了神的脸。"

本书则认为：不要太软弱，女人就是要有钱。不然，女人将要永远忍受被人使唤的痛苦。

在"白头偕老"的提法已被慢慢淡化的现代社会，女人拥有一张"长期饭票"的概率越来越低，当婚姻破碎了，金钱纠纷很容易导致男女双方恶言相向，受害的一方往往是女人。

即使婚姻幸福的女人，也有机会单独面对现实人生，因为女人普遍比男人长寿8~10岁，年轻守寡的事也时有见闻。因此，女人要有钱，并不仅仅是要追求享乐，而是重在追求生命的尊严。

年轻的时候，女人觉得这一天永远不会来临，总是很乐观地认为"船到桥头自然直"。女人总是逃避现实，缺乏居安思危的观念，不愿意去想倒霉的事情。等到问题发生了才临时烧香，祈求上苍眷顾，帮忙降福改运。其实，女人如果尽早学会理财，为没有依赖的日子做好准备，命运可以随时掌握在自己手中。

女人应该尽早开始投资和储蓄，起步越早，成功的机会越大。女人越年轻，开始充实这方面的常识越有利。女人应在能力范围内牺牲物质享受，学会精打细算，为未来做准备，不要甘于贫穷，才能拥有真正的自由，当然，绝对不可为了金钱而不择手段。

如何让自己学会自主地掌控金钱？如何培养自己的理财智慧？女人需要先从思想观念上开始，督促自己，相信自己，并从学习基础的经济学知识开始。只要坚持下来，你就一定能够成为一个懂得理财的女人。

你需要明白自己赚钱的目的，学会给自己制订好理财计划。越早开始计划，越早理财，你就能越早享受到幸运的青睐。从存钱开始积累，从制作报表开始了解自己的财富，从自己的主妇优势开始入手，让自己一步步变成一个按计划理财的有梦想的女人。

你还需要学会消费，学会把钱花在刀刃上。乱花钱的女人比比皆是，但是，会花钱的女人却少之又少。你要做的，就是尽快成为这少之又少的女人中的一个。买自己需要的，买适合自己的，买有用的！这样，你既享受了，又省下了钱；这样，你才不会月月光；这样，你才有好的心情去旅游、去保养自己；这样，你才能做一个理性而会享受的女人。

会理财的女人通常也能比别人更深刻地体会到幸福的含义。因为，会理财的女人是理性的女人，同时也是聪明的女人，她知道该如何打理自己的生活，知道应该如何安置好自己的家人，知道该如何规划自己的未来。

如果你打算从今天起开始理财，请不要忘了先问自己一句："我幸福吗？"你想要怎样的幸福，这是一个很重要的问题，因为它将是你理财的动力，也是你理财的目的。懂得幸福的女人，人生将会更加美丽。

目 录

第一章 女人就是要有钱，有财力的女人活出优雅

　　希望有钱的女人很多很多，可是，真正有钱的女人却很少很少。没钱的女人总是羡慕有钱的女人，不知道她们用什么诀窍赚到了那么多的财富。有些女人通过为自己找长期饭票的方法来让自己变得"有钱"，殊不知，这种方法只是一时的有钱，那些钱并非真正属于你自己。所以，我们还是佩服那些能够依靠自己的能力在奋斗中、在点滴的积累中让自己变得有钱的女人吧。

　　一句话：想要有钱，一定要从点滴开始。

读书趁年幼，致富要趁早

张爱玲有句名言："出名要趁早。"事实上一个人若想达成某个愿望，就要提早动身，因为人生没有假设，没有可逆性，因为时不待人。

女人不存钱，将面临的尴尬：

20岁时，你会说，"我现在没办法存钱。好不容易自立，况且我想买辆车，需要分期付款。等我想定下来时再说吧！"

30岁时，你会说，"我现在没办法存钱。一家子的开销和责任，已经让我喘不过气来，贷款、生活费、小孩的奶粉钱……算了！等我加薪或过几年手头宽裕点再说吧！"

40岁时，你会说，"我现在没办法存钱。我家孩子今年上大学，哪来的余钱？等孩子成家立后业再说吧！"

50岁时，你会说，"我现在没办法存钱。一些财务规划不像我当初预期的一般，孩子要结婚又是一大笔开销，存钱？再说吧！"

60岁时，你会说，"我现在没办法存钱。一直想早点退休，但靠什么吃饭呢？真希望当初能存一笔钱。"

70岁时，你会说，"我还是没法存钱。生这病，钞票一大把一大把地往外撒，苦了家人、小孩，要是我走了，恐怕也没剩下半点钱给他们。"

这时候，你才会真的后悔没有存钱。你想这样过一辈子吗？不想的话就加入储蓄的队伍吧！

所以，不论何时，储蓄都是我们向财富靠拢的第一步。我们来一起看一下早储蓄的优势。

在说明趁早开始理财的优势之前，我们需了解一个财务管理中非常重要的原理，即货币时间价值原理。所谓货币时间价值，是指货币（资金）经历一定时间的投资和再投资所增加的价值。简单来说，同样的货币在不同的时间里它们的价值是不一样的。所谓价值，可以认为是货币的购买力，即能买入东西的多少。现在的1元钱和1年后的1元钱，其经济价值是不相等的，或者说其经济效用不同。现在的1元钱，比1年后的1元钱经济价值要大，也就是说更值钱。

为什么会这样？

我们用一个简单的例子来说明。如果你将现在的1元钱存入银行，存款利率假设为10%，那么1年后将可得到1.1元钱。这0.1元就是货币的时间价值，或者说前面的货币（1元1年）的时间价值是10%。根据投资项目的不同，时间价值也会不同，如5%、20%、30%等。

好，假设1年后，你继续把所得的1.1元按同样的利率存入银行，则又过1年后，你将获得1.21元。以此方式年复一年的存款，则当初的1元钱将会不断地增加，年限够长的话，到时可能是当初的几倍。这就是复利的神力，复利也就是俗称的利滚利。

很多人认为，把钱放在银行里，真是会侵蚀自己努力的成果。但女性理财偏保守，大多数人还是会把钱放在银行里储蓄起来。储蓄的目的，不一定只是为了回报率，更多的是让我们养成正确的理财习惯，让我们迈出向财富靠拢的第一步。

你的储蓄习惯是你的财富

越早学会理财，就越早掌握获取财富的技能。只有越早树立投资理财的意识与追求财富的观念，才能在资源竞争越来越激烈的现代社会中更易更快更早获得成功。现代社会是经济时代，或者叫财富时代，衡量一个人的主流价值标准就是财富。所以，女性朋友们，请马上开始储蓄吧！

怎样才能养成储蓄的习惯？

1. 积攒零钱

很多人从孩子开始，就有很多零钱，但是却不会想到要储蓄。结果，当发现没钱可存时，才会提醒自己平时应该把钱存起来。为此，你可以给自己买一个小储蓄罐，一有零钱，就立刻放进去，持之以恒，储蓄罐就会满满的。

2. 银行储蓄

不管你采取哪种储蓄模式，你一定要鼓励自己在干其他的事情之前，先将一部分钱付给自己——即把钱存到银行里。有人建议强迫储蓄，就是一拿到薪水就先抽出25％存起来。长期下来，就可以收到很好的效果。当然，方式可以不加限定，但你务必要在规定的日子里把钱存到银行，以形成储蓄的习惯。

3. 为储蓄设定目标

如果你要存钱做什么事情，建议你写在纸上，并写明希望实现的日期。然后把它放到容易看到的地方，使自己能时时看到目标，以起到提醒的作用。

4. 不时回顾

不时地看到自己的银行储蓄在一点点地增加，会体会到数字逐渐变多的喜悦。时间久了，你便会感受到金钱得来不易。这些钱都是自己辛苦挣来的，一定要珍惜，不能随意地花。

聪明理财，做好个人的收支管理

据统计，目前国内城市居民一个家庭平均拥有5个以上的账户。有些人薪资转账、基金、证券、贷款、定存都放在不同的银行账户里，拥有5本以上的存折一点也不奇怪，但是管理起来也比较麻烦。

很多人都拥有5家以上银行的储蓄卡，但是每张卡上面的余额都所剩无几，由于现在商业银行普遍开始征收保管费——也就是余额不足100元，每存1年不但没有利息而且还要倒贴大约2元钱的保管费。如果不加管理，无疑会让自己辛苦赚来的钱四处"流浪"，或是让通胀侵蚀其原有的价值。建议整合你的账户，做好个人的收支管理，才能够将存折的资金流动记录转变为财务管理及理财分析的信息。

此外，可以多加利用网上银行，也能方便快捷地查阅管理自己的收支情况，至少每个月都要查询，才能清楚自己的钱都流去了哪里。了解自己在投资、储蓄与消费上的比例，有助于平衡生活同时做出明智的投资决定。

女性朋友应该尽早开始投资和储蓄，起步越早，成功的机会就越大。女人要懂得理财，人生就是要由自己来掌控，学会理财才是追求独立自主的基础。女人有钱，不光是为了追求享乐，而是要找回自己。懂得理财，就可以不必当钱的奴隶，就可以决定自己的生活质量。当然，绝对不能为了金钱而不择手段，只有这样，你的人生才会幸福！

不积小流，无以成江河

一名世界销售大师的退休大会吸引了行业的众多精英参加，当别人询问他成功的秘诀时，他微笑着表示不必多说。这时，全场灯光暗了下来，接着从会场一侧出现了四名彪形大汉，合力扛着一座铁马，铁马下垂着一只大铁球。当在场人士丈二和尚摸不着头脑时，铁马被抬到讲台上了。

大师走上台，朝铁球敲了一下，铁球没有动，隔了5秒，他又敲了一下，还是没动，于是他每隔5秒就敲一下，持续不停，好长时间过去了，铁球却依旧一动也没动。

渐渐地，台下的人开始骚动了……陆续有人离场而去……但销售大师还是自顾自地敲铁球。人越走越多，留下来的只剩零星的几个。

经过40分钟后，大铁球终于开始慢慢晃动了。这时大力摇晃的铁球，就算任何人努力阻挡也停不下来。

当铁球一旦动起来，你挡都挡不住。这就是点滴力量累积后的巨大能量！想变成有钱人，你也需要走这条用"点滴"铺起来的道路。

我们所说的从点滴开始，对刚刚开始规划自己财富之路的女人们来说，主要包括三个方面：从点滴开始做人、从点滴开始省钱、从点滴开始赚钱。

想要变得有钱，先从省钱开始！你千万不要小看平时所花的点滴碎钱，积攒起来会令你大吃一惊！不信请看小西某个月的消费分项记录：

吃饭（与朋友聚会3次，每次200元，平时在单位食堂每次25元）：1 100元；房租+水电煤：1 500元；购置新衣服：2 000元；看电影等消遣：300元；其他杂项：400元。总计支出：5 300元。

小西目前大约每月入账6 500元左右，这样一来，月底只剩下1 200元左右。

1个月入账数目并不少，可是剩下的钱却屈指可数。这估计是很多女人共有的状况。这还只是单身女人的情况，已经有家庭的女人恐怕更加郁闷，总是掰着指头过日子，都还是过不赢日子。为什么？就是因为在该省钱的时候没有省钱，结果导致了在应该花钱的时候花不出钱。

钱要用在刀刃上，尽量不花冤枉钱。那么，究竟该如何来省钱呢，有以下三方面值得你考虑。

1. 物尽其用勿过期

食品要及时吃，物品要适时用，过了保质期及使用年限就是浪费。因此，对于家中所有的物品都要经常拿出来看一看，即使暂时用不上，也要知其是否损坏，以确保下次使用时安全可靠。对贵重物品，如空调、冰箱、电脑、摩托车等，保养好了，能延长使用寿命，无形当中就节省了开支。

2. 关爱健康少药费

现在很流行的一句问候语就是"祝你健康"。的确，不管有多富，疾病生不起。因此，保持健康的身体，必须注重食品卫生，防止病从口入，要加强锻炼，爱惜身体这个"本钱"，以达到少花医药费的目的。

3. 躲避风险保平安

平安是福也是财，人之一生平平安安才是最重要的。因此，当你面对一桩可挣大钱的差事，但却又隐藏着不安全的风险时，劝你别抢着往里挤。在人多拥挤的地方购物时，不要只顾着贪便宜，要小心买进假冒伪劣商品，要看管好自己的钱包。

此外，已经有了家庭的女性朋友更需要注意在日常生活中来省钱，这样，1年365天下来，省下的可不是一丁点。你每天都需要购物吧？怎么购物省钱？简单！看看你周围的大超市几点关门，提前半小时到就可以了。大超市都尽可能不卖隔夜的食品，每到下班前1个小时左右，就会开始打折。此外，在超市买东西还要注意，最好购买超市的自有品牌。尤其是一些日用品，超市自有品牌与广告上常见的品牌差别不大，但是价格却只是名牌的一半左右。

可能已经习惯了大手大脚花钱的你会有些瞧不起这些省钱的方法，但是，你可别忘了，这些点滴的小事，会慢慢汇集成大海的力量，让你缩短变成富人的时间。你需要明白，你拥有财富，但是却没有浪费的权利。是的，约会的时候也这样想吧，两个人点一份套餐，或者点一份主食。别以为这样是寒酸，吃饭七分饱对健康最有好处。

节约的原则就是避免浪费，资源是有限的，最大化地利用资源才是最科学的节约。比如，在餐馆吃饭时要将点菜量控制在刚刚好的范围；尽量自己清洗衣物，因为洗衣服也是一种锻炼，而且光是清洗衣服的费用，已经可以再买两件新衣服了。

聪明的女人不会让自己的钱像水一样流掉，而是会将自己的钱当做油来用。用多了，菜腻，生活也奢靡了；用少了，菜不香，生活也寒酸了。所以，能够把自己的钱当做油来用的女人，一定是最聪明的女人，这类女人最具有变成有钱人的潜质。

最后，要想变得有钱，还要学会从点滴处赚钱。

很多人都只知道靠自己的工作赚钱，却不知道抓住点点滴滴的机会来赚钱。我们来看个故事：

一个人用100元买了50双拖鞋，拿到地摊上每双卖3元，一共得到了150元。另一个人很穷，每个月领取100元生活补贴，全部用来买大米和油盐。同样是100元，前一个100元通过经营增值了，成为资本。后一个100元在价值上没有任何改变，只不过是一笔生活费用。贫穷者的可悲就在于，他的钱很难变成资本，更没有资本意识和经营资本的经验与技巧，所以，贫穷者就只能一直穷下去。

如果你不想自己一直贫穷下去，不希望自己一直省吃俭用却还是处于没钱的状态，就不要错过任何可以赚钱的机会，克服自己的惰性，让自己"积点滴成大海"，成为真正有钱的女人！

女人一定要给人生的财富做策划

　　任何一个女人，对于任何一件事，没有目标就会没有方向，没有规划就会没有步骤，追逐财富也要有具体的目标，但是追逐财富不是目标越高越好，它必须根据自己的实际而确立。确立了目标，就是选择了财富的方向，选择了方向，实际上就选择了致富的道路。

　　一般来说，确立财富目标时必须遵循以下几个原则：

　　首先是具体量度性原则。如果财富的目标是："我要做个很富有的人""我要发达""我要拥有全世界""我要做张茵"……那么可以肯定你很难富起来，因为你的目标是那么抽象、空泛，而这些是极容易移动的目标。最重要的是要具体可数，如你要从什么职业做起、要争取达到多少收益等。此外，这个目标是否有一半机会成功，如果没有一半机会成功的话，请暂时把目标降低，务求它有一半成功的机会，在日后当它成功后再来调高。

　　其次是具体时间性原则。要完成整个目标，你要定下期限，在何时把它完成。你要制定完成过程中的每一个步骤，而完成每一个步骤都要定下期限。

　　最后是具体方向性原则。也就是说，你要做什么事，必须十分明确执著，不可东一榔头西一棒槌，朝三暮四。如果你有一个只有一半机会完成的目标，等于有一半机会失败，当中必然会遇到无数的障碍、困难和痛苦，使你远离或脱离目标路线，所以必须确实了解你的目标，必须预料你在完成目标过程中会遇到什么困难，然后逐一把它详尽记录下来，加以分析，评估风险，把它们依重要性排列出来，与有经验的人研究商讨，把它解决。

一般来说，一个完备的理财计划包括以下八个方面。

1. 职业计划

选择职业是人生中第一次较重大的抉择，特别是对那些刚毕业的大学生来说更是如此。

2. 消费和储蓄计划

你必须先决定1年的收入里有多少用于当前消费、多少用于储蓄。然后编制相关的资产负债表、年度收支表和预算表。

3. 债务计划

很少有人在一生中能没有债务。债务能帮助我们在长长的一生中均衡消费，但我们对债务必须加以管理，使其控制在一个适当的水平上，并且债务成本要尽可能降低。

4. 保险计划

随着你事业的成功，你拥有越来越多的固定资产，如汽车、住房、家具、电器等，这时你需要更多的财产保险和个人信用保险。为使你的子女在你离开后仍能生活幸福，你需要人寿保险。更重要的是，为了应付疾病和其他意外伤害，你需要医疗保险。

5. 投资计划

当你的储蓄一天天增加的时候，最迫切的就是寻找一种投资组合，能够把收益性、安全性和流动性三者兼得。

6. 退休计划

退休计划主要包括退休后的生活需求及如何在不工作的情况下满足这些需求。要想退休后生活得舒适、美满，必须在有工作能力时积累一笔退休金作为补充，因为社会养老保险只能满足人们的基本生活需要。

7. 遗产计划

遗产计划主要处理人们在将财产留给继承人时缴税的问题。这个问题在国外比较突出。遗产计划的主要内容是一份适当的遗嘱和一整套税务措施。

8. 所得税计划

个人所得税是政府对个人成功的分享。在合法的基础上，你完全可以通过调整自己的行为达到合法避让的效果。很多女性却没有意识到这一点，她们总是让自己的钱在不知不觉中花掉。

露露和莉莉是一对好朋友，有一次两人相约去逛街，刚好一知名品牌的服装正在打折。于是，露露东挑西选地拿了一大堆，但莉莉却只拿了一件经典款式的小衣服准备付账。

露露很惊讶："你就买了一件？"

"嗯，我想存点钱买套房，所以得省一点。"

"可是现在很便宜呢，买了很划算！"

莉莉还是摇了摇头。

多年后，莉莉用节省下来的钱从一间小套房开始投资，到现在已买卖过五套房子。由于这几年房价狂飙，才过30岁的她，已成为一位名副其实的富婆了。而露露，依然守着每个月几千元的薪水捉襟见肘地过日子。

辛苦赚来的钱，当然要用它来为自己的幸福加分。美丽的女人懂得投资在外，聪明的女人懂得投资理财。要想做一个既聪明又漂亮的女人，就要学会利用好自己辛苦赚来的钱投资自己的生活，这才是聪明女人的聪明选择。

聪明女性的理财方略

月月领薪水的女性面对的消费陷阱很多，她们只有具备一定的理财意识，才能很好地规划自己的金钱。职场女士可以选择下面这几种理财方略。

1. 多种投资

女性对于需要冒险精神、判断力和财经知识的投资方案总是有点敬而远之——认为它太麻烦。但是当她们简单地将钱存入银行而不去考虑投资回报和通货膨胀的问题，或太过投机而使自己的财产处于极大的损失危险之中时，她们却忽略了这些将给她们带来更大的麻烦。

2. 培养商业新闻的熟悉度

每天固定花费5~10分钟翻阅商业新闻头条或收看财经节目等，一方面培养对财经新闻的熟悉度，另一方面亦可与你的投资行情保持亲近。

3. 每星期固定与朋友谈论有关投资理财事宜

每星期固定与比你更了解财经知识的朋友谈论有关投资理财的话题，目的是学习相关财经知识并减轻你对投资的恐惧感。女性经常羞于询问他人，因为她们害怕别人认为自己所问的问题太过简单或没意义，一定要消除这种想法。

4. 开拓财路

对于精力充沛又少有家事托累的年轻人来说，利用业余时间做兼职不仅可以锻炼自己的能力，还可以增加收入，一举两得。此外，你还要培养和提高与工作相关的技能，增强谋生的能力。

5. 马上行动

不要等到五六十岁时，才开始计划为退休而储蓄。对投资而言，越早开始行动，对投资人越有利。

6. 专注工作，投资自我

虽然善于操盘投资理财，不失为女性致富的一种途径，但让你获得财富并获得成就感的还应该是你的工作。毕竟，通过努力工作获得丰厚的报酬和个人成长，是一条最踏实稳健的投资理财之路。

女人有钱，坏一点又何妨

明星都讲究有自己的路线，平常生活中的你也要有自己的风格。还想继续二十几岁的清纯吗？醒醒吧，那样只能引起别人的反感，三十几岁的女人要坏一点才更有味道。

乖乖女因为讲究纯洁，所以容易被男人看透，特别是容易被坏男人看透。一旦被男人看透，那么女人就处于非常被动的地步，不知不觉地被别人利用，走进别人挖的陷阱，吃亏上当就在所难免。

即使不吃亏上当，一个女人一旦在别人眼里变得透明，自己的一举一动都能被人了如指掌，就会给人稚嫩的感觉。这就像一部被人看过几十遍的小说一样，再精彩的故事也没有人愿意去看，没有人愿意去研究，更没有人愿意去欣赏。

还记得蒙娜丽莎的微笑吗？那一抹神秘莫测的微笑让人猜了几个世纪，这一笑左看像凄楚的哀愁，右看又好似暗含着一种揶揄和讽刺，而再仔细端详，又似乎觉得蒙娜丽莎笑得很安详。也正因此，这一浅笑被誉为"全世界最有名的微笑"，无数艺术家乐此不疲地去解读蒙娜丽莎这一微笑。

所以，越是神秘的东西越是能衍生别人的兴趣，越是能成为众人追逐的目标。在男人审美容易出现疲劳的时代，女人坏一点，比漂亮的女人聪明，比聪明的女人漂亮。对男人来说，女人像雾像雨又像风，与他们若即若离，好像唾手可得，但总差1厘米的状态是最有吸引力的。对男人来说，越不容易得到的越值得牵挂。

女人是一棵树，枝叶茂盛生机勃勃。如果能坏一点，就不会为了谁把自己的枝枝蔓蔓砍掉，成为别人用来晾衣服的一根木杆。生活是属于自己的，快乐才是生命的本相。不要为了讨好别人而委屈自己，坏女人应该为自己而活！

坏女人不得不学的一门课程，就是学会如何留住男人。

所谓相恋容易相守难。三十几岁的女人遭遇分手的定不在少数。在一起都四五年了，某天男友突然提出分手，理由是没感觉了。这时候你怎么办？抱怨、哭泣、挽留、轻生？不，不。过去的就让它过去，能与你相伴的男人还多得很。来反省一下失败的恋情，你会发现，让他离开你的唯一理由就是你太好了。所以，你现在要做的只是让自己坏一点。

不懂爱自己的女人是笨女人

好好看一下你身边的成功者，你就会发现，很少有人不爱自己的工作；再看看身边的幸福女人，她们通常很会关爱自己。发现了吗？当一个人喜欢自己，并按照自己理想的方向去努力时，别人也很难拒绝她的幸福魅力。而那些不懂得爱自己，终日为他人而活的女人往往精疲力竭而无任何回报。

有这样一个阿拉伯国家的故事：

一对恩爱夫妻，妻子貌美如花，丈夫英俊潇洒。不幸的是，正当盛年的丈夫却患了眼疾，最终双目失明。望着心如死灰的丈夫，妻子心痛不已。她左思右想，最后决定分一只眼睛给自己的丈夫。

手术非常成功，失明的丈夫重又看到了世界，看到了自己的妻子。然而，令丈夫失望得难以容忍的是，失去了一只眼睛的妻子竟然如此丑陋。日日与妻子相对，丈夫心中再无一丝柔情。他开始厌倦她、冷落她，因为她不再双眸生辉，不再脉脉含情。

而她，默默地忍受所有的一切。她爱他，不在乎为他付出多少。对她来说，这个世界上没有比他的笑容更灿烂的阳光了。然而，令她痛苦不堪的是，他的笑容却再也不属于她了。在没人的角落里，在无尽的暗夜中，她独自流泪，用一只眼睛。终于有一天，不义的丈夫抛弃了糟糠之妻，另攀高枝去了。

故事中女人的伟大叫人心疼，或者也是这样的心疼叫男人无法面对，或者是男人对美丽的外观追求，对于这样的现实既不愿意接受，也无力改变。如果故事中的女人能用自己的爱终生呵护这个盲眼的丈夫，会不会有另一个版本的结局？女人因为有爱而可以对男人不离不弃终身守护，这会是多么感人的爱情，可是很遗憾，很遗憾……

生活中这样的女人实在不少。据说男人的潜意识动力来源于生存与发展的必须，而女人的潜意识动力则来源于情感与情绪。当女人被情感与情绪支配时，智慧立刻远离了。很多女人用泛滥的母爱，博大包容地对待家庭成员，而委曲求全的结果却是落得"爱人跟人跑"或"慈母多败儿"的情形。

女人们要知道，如果这个世界不曾有"我"，那么亦不会有"我的家人""我的丈夫""我的孩子"，更不会有一切与"我"相关的事物。在这个"暂时有，却本来空的"世界中，"我"是这个世界存现的前提条件。一个不能爱自己的人，永远处于牺牲奉献角色的人，又怎么可能去要求别人的爱呢？

美玲在上大学时，认识了比她高两个年级的同系男生，他们很快就进入了热恋。大学毕业时，美玲按计划准备考研究生，她的男友却说："咱们结婚吧，我非常需要你。"美玲认为，既然结婚就要做个好妻子，读研究生一定没有时间照顾丈夫。人们常说，爱就是奉献，美玲对此深信不疑。于是，她决定放弃自己的理想，和丈夫一起建筑起他们爱情的港湾。

毕业后，美玲当了一名教师，丈夫在工作了一段时间后准备考研。在丈夫准备考试的时候，美玲发现自己怀孕了。妊娠反应挺厉害，经常是东西吃进去不久就又都吐出来。可是丈夫正在忙着考试，不仅无暇照顾她，还需要她来照顾他。经常是美玲一边吐，一边做饭。但是想想丈夫将要实现自己的梦想，她暗暗地咽下了所有的痛苦，她想等他考上研究生就好了。后来丈夫如愿以偿，孩子也生了下来。

这时的美玲就更忙了，既要工作，又要照顾孩子，还要照顾她读研的丈夫，非常紧张。接送孩子、买菜、做饭、洗衣、收拾房间，美玲几乎承包了所有的家务，但当她看到漂亮的孩子，看到刻苦读研究生的丈夫，她是欣慰的，她感到幸福无比。

为了照顾好家，美玲几乎放弃了自己的一切爱好。她已经没有时间去商场为自己选购一件称心的服装，没有了和朋友们高歌一曲的兴致，甚至连自己爱看的电视连续剧也不能从头看到尾。但是她从不抱怨，她觉得自己的付出是值得的，因为她的家庭有了她的付出而更加和谐幸福。

美玲原本以为丈夫毕业后，他们就会迎来第二个蜜月，他会对自己的奉献给予回报。可事实是他们的关系却大不如从前了。丈夫毕业后，去了一家合资企业。他的工作很忙，经常是深夜才回到家，一脸的疲惫。让美玲更加生气的是，丈夫竟然懒得与她说话了。有时，美玲忍无可忍地对他说，咱们也该聊聊了。可他说，这么长时间的夫妻了，还有什么好说的。有时，他还会说，说点儿别的行不行，整天不是东家长就是西家短的，真没意思，就知道自己眼皮底下的那点儿小事，层次太低，整个一个家庭妇女，没劲。

终于，丈夫向她摊牌说自己爱上了别人，美玲的心在颤抖，她问："我有什么对不起你的地方吗？"

他说："你没有对不起我的地方，可是现在和你在一起，我一点儿感觉都没有。你整天都是那些婆婆妈妈的事，一点儿也不像过去那样有理想、有激情。"

这就是事实，残酷，但也让人警醒。一个女人绝不能仅仅是帮助男人去建设他的世界，然后就把他的世界当成自己的世界。男人越是发展事业，越会增加爱情上的砝码和吸引力，在家庭中的份量也越重，抛弃糟糠之妻的可能性也就越大。

所以，女人不管任何时候，都不要因为"奉献"到底，而忘记修炼和提升自己。这不是自私，而是一种智慧，是爱自己的表现。

对女人来讲，认识这一点，做到这一点，比什么都重要。

珍惜身边的幸福

有一只小狗要寻找幸福，可它不知道幸福在哪里。年长的狗就对它说："幸福就在你的尾巴上。"小狗就这样一直原地转圈地追着自己的尾巴，可总是追不上。此时小狗的妈妈看到了，就问小狗在干什么。小狗委屈地对妈妈说道："我在追幸福，它就在我的尾巴上，可我怎么也追不上。"小狗妈妈就对小狗说："你只需要往前走，幸福自然会一直跟着你。"

幸福——多么具有诱惑的词语！对于三十几岁的女人来说，骄纵宠溺的青春年华已经逝去，恣意妄为的生活也不再可取，当心情开始平静，幸福又在哪里？

比塞尔是西撒哈拉沙漠中的一颗明珠，每年有数以万计的旅游者来到这儿。可是在肯·莱文发现它之前，这里还是一个封闭而落后的地方。这儿的人没有一个走出过大漠，据说不是他们不愿离开这块贫瘠的土地，而是尝试过很多次都没有走出去。

肯·莱文当然不相信这种说法。他用手语向这儿的人问原因，结果每个人的回答都一样：从这儿无论向哪个方向走，最后都还是转回出发的地方。为了证实这种说法，他做了一次试验，从比塞尔村向北走，结果三天半就走了出来。

比塞尔人为什么走不出来呢？肯·莱文非常纳闷，最后他只得雇一个比塞尔人，让他带路，看看到底是为什么。他们带了半个月的水，牵了两峰骆驼，肯·莱文收起指南针等现代设备，只是拄了一根木棍跟在后面。

10天过去了，他们走了大约800英里的路程，第十一天的早晨，他们果然又回到了比塞尔。这一次肯·莱文终于明白了，比塞尔人之所以走不出大漠，是因为他们根本就不认识北斗星。

在一望无际的沙漠里，一个人如果凭着感觉往前走，他会走出许多大小不一的圆圈，最后的足迹十有八九是一把卷尺的形状。比塞尔村处在浩瀚的沙漠中间，方圆上千千米内没有一点参照物，若不认识北斗星又没有指南针，想走出沙漠，确实是不可能的。

肯·莱文在离开比塞尔时，带了一位叫阿古特尔的青年，就是上次和他合作的人。他告诉这位汉子，只要你白天休息，夜晚朝着北面那颗星走，就能走出沙漠。阿古特尔照着去做，3天之后果然来到了大漠的边缘。阿古特尔因此成为了比塞尔的开拓者，他的铜像被竖立在小城的中央。铜像的底座上刻着一行字：新生活是从选定方向开始的。

一个女人，无论她现在年龄有多大，她真正的人生之旅，是从设定目标的那一天开始的，以前的日子，只不过是在绕圈子而已。人生在世，最紧要的不是我们所处的位置，而是我们活动的目标。因为，我们的人生何时、何地以何种方式开始是无法选择的，但我们却可以选择自己的未来。我们可以选择居处、婚姻、工作、朋友，可以选择人生的方向，一切的幸福和成功都从设定目标那刻起。

当你到了三十几岁的时候，时间和生命便成了最宝贵的资产。学会如何设定适当的目标，并实践这些目标，你就能取得从没想象过的幸福和成功。但是，我们又应该如何去选择人生的目标呢？什么样的目标才能带我们走出混沌的圈圈，走上幸福的道路呢？

曾经读过这样的一个故事：

一天，上完早课后禅师领着一群小弟子们去插秧。小弟子们都没有插过秧，只好照着师父的样子争先恐后地忙活起来，但是他们插的秧苗都是弯弯曲曲的，而禅师插出来的秧苗却是一条直线。

弟子们大惑不解："师父，我们都是学着您的样子做的，为什么您插的秧苗都那么整齐，就像绳子量过一样直，您是不是有什么秘诀啊？"

禅师笑着说："秘诀很简单，插秧的时候眼睛盯着一样东西就行了。"

弟子们都暗暗点头，马上又忙活起来，可是这次插的秧苗，竟然变成了一道弯曲的弧线。

"师父，我们照您说的做了，还是不能插成直线。"

"你们是按我说的一直盯着一样东西吗？"

"是啊，我们一直盯着田边的水牛，那可是一个显眼的大目标啊。"

"水牛边吃草边走，你们盯着它插秧，它不停地移动，你们怎么可能插直？要盯紧不动的目标才行。瞧，师父我就是一直盯着那棵大树插秧的。"

弟子们按照师父的指点再干一次，果然插出来的秧苗也跟绳子量过一样直了。

秧苗能不能插得笔直，不在于你有多大的力气，而是看你有没有找准一个可以让你走得笔直的目标。人生和插秧是一样的道理，人生的路能不能走好，自身的能力是一方面，目标同样不可或缺。只有有了明确的目标，才能不走错路，少走弯路。

二十几岁女人可以靠美丽生存，而三十几岁女人则必须靠智慧发展，选择正确的目标，幸福才会在前方等待着你。跟着太阳走，你就能享受阳光；跟着月亮走，你就能看到星星；跟着北极星走，你就能找到方向。新的生活是从选定方向开始的，人生如果没有目标，那么生活也只不过是绕圈圈而已，一切的幸福和成功都从设定目标那一刻开始。

女人是靠男人活着还是靠自己活着

做一名全职太太还是经济独立的现代女性，是很多30多岁女人面临的问题。

聪明的女人应该学会独立。独立包括两个方面：一个是精神层面的；另一个是经济上的。经济基础决定上层建筑，一个女人如果在经济上依附于男人，那么她在精神上就很难实现独立。

李静婚后1年有了儿子，但是婆婆和妈妈身体都不好，无法帮她带孩子，她只好放弃工作在家做了全职太太。没有了工作，带孩子的工作却没见轻松，最要命的是丈夫的态度很恶劣，看到家里有一点做得不好，就说："真不知道你天天在家做什么了？地板那么脏也不知道拖。"他不知道带孩子有多累，一晚上起来数次，如果李静说一句带孩子辛苦，他就会说："那你白天不会等孩子睡了，你再睡，再说谁家的孩子不是这么带大的，就你觉得辛苦？"

好不容易熬到孩子4岁上了幼儿园，李静想重返工作岗位，却又因儿子总是生病而放弃了。一次儿子病了，李静在家忙前忙后地折腾了好几天，儿子的病才见好转。因为好几天都没有好好休息，有一天早上李静多睡了一会，她老公就拉着脸说："都几点了，还不起床做早饭，难道还得让我给你做了早饭再去上班吗？"

很多没有收入的女人在家中没有地位，一些男人即便嘴上不说，也会认为是自己在养活女人，养活这个家，而女人侍候他是理所当然，就算他发点脾气，女人也该忍着。要知道女人的衣服、化妆品，加上一日三餐都是花他的钱呢，女人有什么资格和他争辩呢？而女人也会安慰自己说，谁让这个家都指望他呢，能忍就忍吧。

连买件小饰品都要跟男人要钱的女人怎么可能活得精彩呢？家庭里早就没了男女平等，小则小吵小闹，大则婚外情，甚至最后到离婚。男人们都希望自己的老婆出得厅堂，入得厨房。所以三十几岁的女人一定要经济独立，就是感情有变，自己也能适当处理，不会因经济不能独立而手忙脚乱。

未婚的女人同样也应该独立。如果做不到独立，也许你的男友开始能够忍受，一但时间一长，再有耐性的男人也未必能谅解你。他会认为你这么一直依靠他，不会轻易离开他。而他对你的态度已不如当初，一旦你们感情有变，一切不容人说，就已心知肚明！

只有在经济上独立了，想买衣服和化妆品的时候，我们才可以自信地掏自己的腰包，不用在支配金钱的时候小心翼翼地去争取对方的意见，也不用在给他买礼物的时候向他要钱。只有花自己劳动换来的钱，才能理直气壮，才能心安理得。

美女作家陈燕妮被国人所熟悉是因为她写了《告诉你一个真美国》《纽约意识》和《美国之后》等一系列有关在美华人的畅销书，而在美国，熟悉陈燕妮的人更多的是因为她创办了一份在当地华人世界最畅销的刊物《美洲文汇周刊》。

有一次记者采访陈燕妮，问到这样一个问题："听说在美国有很多全职太太，她们的生活全部围绕着家庭，相对简单而少有压力，你有没有想过这样简单的生活呢？"

"没有，从来没有。"陈燕妮坚决地摇头，"我无法想象向别人伸手要生活费的滋味。我曾经因为工作的转换而在家呆了几个月，那段时间太可怕了。除了老公以外，精神没有任何依托，整天在家无所事事。到后来连看老公都有点儿小心翼翼的，现在想想挺可笑。美国的报刊竞争很激烈，我做的事情等于是在和美国的男人们抢饭碗，但我宁愿在社会上拼搏，争夺自己的天空，也不愿整天在家洗衣做饭，等老公回家。"

有工作的女人在经济上有独立感，这种感觉能使她们的精神独立，有相对坚实的地基。但不少女人迫于某些原因不得不待在家里当全职太太，同时这些女人又觉得自己不独立，所以很是苦恼。而不少挣钱的男人的确很自傲，把女人视为自己的私有财产，甚至轻视女人。

尽管没有社会工作，女人持家也是一种职业。男人在企业打工能有工资，那女人持家也应有报酬。以往总把家庭的生活费视为对女人的报酬，这是不对的。生活费只是一种家庭必需的成本，它没有在经济上体现持家女人的价值。

女人应主动要求男人量化持家的价值，并愉快地支付一笔象征尊重女人价值的工资。千万不要小看这个程序，这可是女人走向独立的关键。女人有独立感才会有尊严，男人在有尊严的女人面前才会懂得在乎对方。男女经济关系的含糊，使男女相处的质量不高，不仅不能使男女双方获得两性畅快和透明的愉悦，也很容易使双方产生矛盾和变心。女人如果缺少独立感，整个人变得十分灰色，男人对这种女人不会有长久好感，迟早都会背叛。

有了经济上的独立，女人才可以在自己的精神世界里建立起一个美好的王国，当她自豪地感觉到自己是这个王国的女皇时，就会在现实生活中找到自信，而不会为别人盲目地修改自己的行为。

三十几岁的女人已过了充满幻想的年纪，不要去指望嫁个男人来养活你一辈子。养活自己的最好方法就是靠自己。女人有工作，也是规避未来风险的唯一方法。万一哪天丢了爱情，至少还有工作可以寄托寥落的心灵，打发空虚的时间，并且还能获得报酬，一举多得！

第二章 一辈子做理财女王，让金钱为你打工

你想变得有钱吗？想吧！如果想变得有钱，就请拿出一个本子，给自己列一个财务计划，不要让自己拿着钱混混沌沌过日子。正所谓"你不理财，财不理你"，所以，如果想要变得有钱，一定要有计划性地实施。

理财女一定要会定义幸福

会理财的女人，通常也能比别人更深刻地体会到幸福的含义。因为，理财女是理性的女人，同时也是聪明的女人，她们知道该如何打理自己的生活，知道应该如何安置好自己的家人，知道该如何规划自己的未来。

很多会理财的女人，通过理财感受到了一种切切实实的幸福。她们通过理财，在自己和家人的收入水平范围之内，把小日子过得丰富多彩、幸福无比。一个家庭，在客观条件一定的情况下，怎么过，过得如何，区别是很大的。俗话说，吃不穷，穿不穷，算计不到会受穷。说的正是这个道理。当然，日子过得如何，外人也许看不出来，毕竟每个家庭、每个人的习惯和他们所追求的生活目标是不一样的，标准自然也应当有所区别，只有当事人感觉到满意了、开心了，日子才算是过好了。会过日子的女人，她能够把小家庭的一切繁杂事务计划得周全，哪怕是再紧巴的日子，也能过得很像模像样，一切事物井然有序，该做什么做什么，似乎都在掌控之中。

我们都知道，日子不是混的而是过的，幸福不是想的而是营造的；明天不是昨天成绩的延续，而是今天付出的回报。

有的女人，的确也很会理财，但是，却不懂得幸福的含义，总是因为钱和丈夫吵架，因为觉得对方没付或者少付了该付的那份家庭开支。这类女人在节省开支的时候不是想着家庭也不是想着孩子，而是想着为自己多准备点储蓄金好让自己不会一无所有。

最终，这些女人失去了家庭，失去了爱，失去了自由，失去了美丽。失去幸福，是因为这些女人不懂家庭幸福的概念里，不应该有斤斤计较，不应该有自私自利，不应该有忐忑不安，取而代之的应该是从容、快乐、经营、温馨这些词汇。

如果说，能够在自己的经济水平之内把小日子过得精彩是一种幸福，那么，还有一种幸福也是女人不可缺少的，那就是完成自己的梦想！

很多女人在为人妻、为人母之后，就伟大地舍弃了自己曾经的梦想，任时间无情地将自己催老。其实，真正懂得幸福含义的女人知道，这一辈子需要为自己活一把，需要努力实现自己的梦想。

女人需要有自己的梦想，需要用梦想的实现来体现自己的人生价值。同时，女人更需要爱！

女人理财，不是为了理财而理财，而是希望通过理财让自己的爱变得更丰盈。女人希望通过理财，让家人过得更快乐；希望通过理财，让爱人过得更加顺利。被别人的爱包围着是一种幸福，去追求自己爱的也是一种幸福，彼此的相互倾慕是幸福，厮守一生也是幸福的。只要有爱，女人的幸福就不会那么干涩，女人的幸福也不会那么短暂和浅薄。

有钱之前，先要有目标

目前，很多女性的理财存在一些误区。往往缺乏专业知识，喜欢跟风。投资理财要看统计数字以及经济分析，甚至政治等因素对理财投资都会产生影响，但许多女性对政治经济不"感冒"，觉得数字也很枯燥，因而常常跟随亲戚、朋友进行相似的投资理财。比如，有位投资者听说闺中密友炒股赚了钱，便也心里痒痒地盲目"跟进"，结果恰逢大跌，一下子亏了2万元，还为此跟丈夫吵架。

在女性朋友中，这种盲目理财的情况并不少见。其实，任何事情的进行如果有一个明确的目标，你的思路就会明晰很多。因此，确定理财目标是成功投资的第一步。

当然了，确定理财目标，先要了解自己的财务状况，需要根据自己的实际情况来设定理财目标。而且，理财目标并不是一成不变的，在不同的阶段，理财的目标也是不一样的，它应该有长期、中期、短期之分。在设定具体目标时，有几个原则必须遵循：一是要明确实现的日期；二是要量化目标，用实际数字表示；三是将目标实体化，假想目标已达成的情景，这样可以加强人们想要达成的动力。

我们来看一个并不是很出名的女演员是怎么理财的。

这个女演员虽然没有在演艺路上大红大紫，但是在自己的理财路上却走得很稳。她一毕业就买房，投资过股票，开过公司，做过生意，虽然不算"理财行家"，但至少算"理财能手"。正所谓"冰冻三尺，非一日之寒"，她的理财能力不是一蹴而就的，而是经过数次投资实战才磨炼出来的。

大学刚一毕业，该女演员便在北京买车买房，并把父母接到了北京，孝顺的她希望能够和父母住在一起。当时，她考虑到自己一个人也没有太大开销，而且也毋须有所顾忌，所以，划算了一下手里的积蓄，给自己确立了买房的目标，还确定下了毕业后1年买车的目标，有了这些目标之后，她就开始想办法向这些目标奋进。

"那时候手里还没有什么积蓄，是父母的钱再加上贷款买的房，然后就一直住到现在。"2009年，该演员打算同父母搬到北京北边的一套别墅。这套别墅是该演员在2007年付了首期买下的。"这2年北京的房价一直在攀升，是投资的好时机。这套别墅地理位置和价格都适中。"此前，该女演员曾在上海买了一套房子，"当时正好赶上上海地价飞涨，房价跟着涨了。"得益于此，该演员买下的房子不到1年就脱手净赚了30万元。因为有投资的决心和不怕失败的勇气，更因为有了明确的奋斗目标，所以，在毕业1年后，她就顺利地实现了她当初给自己定下的理财目标。

如果说该女演员是名人，名人的收入相对偏高，她们理财时更容易树立较高目标的话，我们不妨来看一个收入水平与我们差不多的中年妈妈是怎么理财的。

李昕在杭州一家国有企业的工会工作，这几年看到不少同事下海经商且事业有成，她也曾动过心。不过，这些年她依靠科学理财，同样使自己的家庭资产像滚雪球一样越滚越大。说起家庭理财，李昕从十几年前就开始了。那时她和老公勤俭持家，在婚后的前5年，她与老公将理财目标定在了稳定、存钱这个方案上，于是，5年后，他们有了婚后的第一笔积蓄。当时多数人都是"有钱存银行"，但是，了解到国债的收益情况之后，李昕知道，如果存上5年期的国债，那么她家里的经济状况就会发生一个根本性的变化。于是她想，这个5年期阶段的理财目标应该提高一点了，家里的经济状况已经不是5年前的窘迫样子，可以大胆地进行投资了，于是她便把积蓄买成了国债。结果五年下来，她的本息正好翻了一番，再一次实现了她的目标。

翻了一番的资产，让李某对自己家庭生活的经济状况更加放心，她拿出一部分钱放在银行，以保证家里万一出现意外时能够有防备的资金，并再次定下了第三阶段的理财目标，那就是再次提高风险的投资。于是，她又果断地把闲余的积蓄投入到了股市中。到2001年的时候，她的股票总市值已经达到40万元，而她这时的工资才800元。因为她始终抱着见好就收的投资心理，所以，为了稳定胜利果实，她便把股票及时卖掉，又买成了国债。40万元每年的利息收入就是11 560元，"钱"赚的钱，已经超过了她当时的工资。

2004年年初，理财市场上不断推出信托和开放式基金。这个时候，孩子慢慢长大了，需要保证家庭的稳定，所以，她再次改变了理财的目标，她需要更加稳定的收益，还需要多样化的收益。于是她又将到期的国债本息一分为二，分别买了2年期信托和开放式基金，算下来，2年时间她共实现理财收益6.9万元，平均每年收益3.45万元，又超过她的工资收入了。

就是这样一个收入水平的女人，最后因为理财目标的不断调整和努力实现，而使得她的资产比很多高收入人群的资产还要多得多。正所谓人不理财，财不理人。

当然了，理财与年龄无关，年轻的女性朋友们一样可以根据自己个人的实际情况制定自己的理财目标。

小宁是软件工程师，工作3年有余，单身的她一直信奉"对自己好一点"的原则，工资大部分花在了美容健身上，或是下班之后的快乐时光，一到月底就捉襟见肘。眼见身边朋友一个一个买房购车，她形容自己的心情是"憋得慌"。一个偶然的机会，她听朋友谈到了理财收益，便决定改变自己以前的花销习惯，向理财道路进军，决定也要让自己这个单身贵族真的"贵起来"，来实现买车的梦想。

于是，她开始缩减开支，积攒积蓄，并开始有意接触财经类的信息。原本只打算小试身手，结果一研究起来就大呼"过瘾"，她每天一回家就锁定央视财经节目，还买回《宏观经济学》《国际金融学》《巴菲特教你看财报》等参考资料，后期更是开始研究商业法律，为投资铺垫。后来，她拿着存下的几万元现金大胆入市，从未尝试过股票买卖的她笑称自己"很强很大胆"。

再之后，每月90%的收入她都拿出来买进A股、基金等，顺便还炒起了港股。结果，股市一直见涨，上涨指数水涨船高5成多，小宁的股票也跑赢了大盘，收益率达到了80%。另外，买入的4只基金的收益也有20%，买车的日子指日可待。

小宁给自己设定的理财目标是买车，在目标的指引下，小宁开始理财并取得了收益。

没有目标的理财是徒劳的，因为那样的理财到头来只是一堆空数据而已。收支表中的问题，因为没有目标的指引而无法被你发现，即使发现了，由于没有目标，你也懒得改变，那么，尽管你是勤勤恳恳地在理财，但是，财却依然懒得搭理你。所以，还是在理财之初，就给自己确定一个理财目标吧！然后，向它进军！

总之，作为女人必须要有明确的目标，甚至是野心，找到了目标你就成功了一半。你要知道自己想要干什么，然后将这些目标付诸行动，这样你才能拥有你想要的财富。

工作中女人和男人一样优秀

一份职场调查显示：有78%的经理人认可"职场中性"。这说明在职场中，老板看中的是业绩和能力，而非性别。在工作中，没有人因为你是女性，会使用"泪弹"，就降低对你的要求，给你打开方便之门。在职场中，没有性别可言，一切都得靠实力说话。

几年前，陈妙大学毕业后，找了一份专业对口的工作，但是她始终没有摆脱上学时娇惯的脾气，总认为自己刚刚步入社会，工作中的同事和客户都应该让着自己，不会刁难自己。她总是认为工作没什么难的，完不成任务时对自己的主管哭诉一下就行了，可是，陈妙错了。由于她的工作不积极主动，她工作业绩直线下降。所以当主管找她谈话时，她依然认为哭诉一下主管就会原谅她。但是，主管不仅没有原谅她，还狠狠地训斥了她。后来，陈妙终于明白，在工作中没有人把她当做女人，只有努力积累自己的工作经验，有一定的工作能力，靠自己的实力把工作做好，才能赢得别人的尊重。

因此，在职场中，女人要踏踏实实地努力工作。如果你想在信息产业崭露头角，就应该提高自己的编程能力和组织架构能力；如果你想在金融行业稳稳立足，就要掌握大量的金融信息；如果你想在旅游行业成为佼佼者，就要熟练地牢记各个景点以及每个景点的知识……

这是一个靠能力说话的时代。有了实力，你才会被重视，在工作中，你的意见和建议才会引起上级的关注。实力可以让你时常体会到工作的乐趣，以及自己创作的价值，最关键的是可以获得很大的财富。

如何让自己在工作中拥有强大的实力？完善自己、充实自己是必不可少的。而充分利用女性的魅力与职业能力，将两者很好地结合是打造实力的关键因素。事实上，许多职业女性"一半是水，一半是火"，既不乏温柔、细腻与亲和力，又精明、果断和能干。她们以女性特有的气质、风采，在职场长袖善舞，赢得了事业的成功，获得了令人羡慕的财富。

发现女人的理财优势

有人说，男人决定一个家庭的生活水准，女人则决定这个家庭的生活品质。我们平时经常可以看到，两个收入水平和负担都差不多的家庭，生活品质有时却相差很大，这在很大程度上就跟女主人的投资理财能力有关系。

在理财工具多样化的今天，一位称职的母亲和妻子，其善于持家的基本内涵已不是节衣缩食，而是懂得支出有序、积累有度，在不断提高生活品质的基础上保证资产稳定增值，这就需要女人们掌握一些必要的投资理财技巧。

女性朋友们掌握理财技巧，对家庭的收入作出合理的规划，不仅仅是因为女性朋友们需要有自己掌握经济的能力，更是因为相比男性，女性朋友们在理财上有一些特殊的优势。"男人赚钱，女人理财"，是现代社会家庭财产支配的最佳组合。

首先，理财的女性多为全职太太，她们有时间；即使不是全职太太，能够经常理财的女性其工作也相对比丈夫要轻松些。理财其实并不需要占用多少时间，关键是会耗费一些精力，需要时常关注一下行情，比如说，投资房产就需要经常了解哪个楼盘涨了、哪个区域又推了新盘等信息。而这些信息，如果不是专门理财的男性，很少有耐心整天研究，尤其是当他们工作压力大的时候，更不愿意去关心这些琐碎的信息。但女人就不一样了，女人的耐心本来相对就好一些，一旦理财，她们就更会热衷于搜集这些信息。

温女士就是一个典型的会理财的家庭主妇。温女士为了让孩子读更好的学校，买了一套名校附近的二手房，时价每平方米只有2 000多元。此后房价不断上涨，特别是名校旁的房子。虽说是1983年的老房子，现在每平方米却已增值到5 000元以上。而且，心细的温女士在经历了理财的磨炼之后，慢慢发现现在买房子也要渠道，不是所有的人都可以买得到自己想要的房子，特别是一手房。自认为没有什么关系的她就把眼光锁定在了二手房上，有的是年初买了，年底就卖掉，并不在手上放太久，只要有赚就好。

后来，温女士又分别在她所在城市的三个区先后买了几套二手房，都是买没多久，就卖掉了。现在她手上还有一套单身公寓出租，每个月租金1 200元左右，用来还按揭。温女士的不动产投资效果越来越明显。

像这些繁琐的房子信息，就需要不少的精力和不凡的耐心来慢慢搜集，很多男人就做不到这一点了，这正是女人的理财优势。

其次，女人细心，更适合理财。与男人在事业上的大刀阔斧相比，女人的心会更细。她们清楚地记着哪天该收房租了，哪个合同到期了；记着哪天该存定期了，哪天存款到期了；记着哪天该发行国债了等信息。女人较男人心细还表现在对合同的研究、对风险的规避上，她们往往不求赚大钱，只求稳健收益。这一点，是女性理财的一个最明显的优势，很多男士即使通过后天的培养都难以具备这种优势。

再次，理财需要借鉴经验，吸取教训，而女人天生爱交流、爱打探，所以，她们总能得到最敏感、最有用的理财信息。哪里新开了一家超市，哪里的店面租金最高，哪些人做哪些投资赚钱了、做哪样投资亏本了，她们都了如指掌。

王女士2002年有了孩子后就一直没有上班，在家做起了全职太太。她的老公吕先生与另外三位股东一道，经营着一家礼品批发公司，每人年均能分到三四十万元的纯利润。

王女士一家三口每月开支大致为：孩子消费2 200元（包括请保姆的费用），水电气物管费电话等杂费600元，生活服装等费用2 000元，缴保险费1 000元。算下来她家年正常开支在6.9万元左右。

在王女士决定要当自己家里的理财师之后，就开始对家庭资产摸底，发现家里的资产主要分为以下几个方面：①一套价值60万元的自住房，还有一套面积约90平方米、市值30万元左右的闲置空房。②定期存款80万元。③30万元年收益率3.44%的3年期凭证式国债。

也就是说，可供王女士操作的投资资产包括：一套市值30万元的闲置房和80万元存款。

在和姐妹们交流理财心得之后，王女士发现，如果将自己的闲置房子出租，收益将不错，于是王女士首先将那套闲置房的资产"激活"——她花了5万元对房子进行了简单装修后以每月1 400元的价格租了出去，并签了2年租期。这样，这套房1年的收益为1.68万元。

另外，她通过和有买基金经验的姐妹交流，再加上自己的研究，对基金有了比较充分的了解后，将80万元存款做了这样安排：①将3万元改存为"7天通知存款"，做家庭备用金，税后实际年收益约390元。②购买货币基金10万元，实际年收益2 000元。③57万元购买了两只封闭式基金，年实际收益5.1万元。④10万元购买了一个1年期人民币理财产品，实际年收益约2 800元。

就这样，在弄清自己的家底之后，王女士通过打听和学习的方式，让钱生钱，来支付一家人的日常支出，而再赚的钱又可以接着作投资，资产就会不断增值了！对这些种类繁多的理财工具，她的丈夫却根本不感兴趣，也没有时间打理，这便是女人得天独厚的优势了。

所以说，家庭主妇理财的优势还是很明显的，想要理财的女性朋友们可不要将上天赋予我们的优势给荒废了，这些优势可以带给我们宝贵的财富！

多存本金是为了今后幸福

有些女性朋友在初步了解了理财知识以后，往往会热血沸腾，觉得自己找到了一条能够迅速让资产增值的捷径，其实不然，这还得分情况。如果你已经有了一定的积蓄，选对了理财工具，那么你的确可以让自己的资产增值；但是，如果你只是二十几岁没有多少积蓄的单身贵族，而且工资收入也不多，那么，你只需要热衷于勤俭和存钱就行了，否则日后当赚钱的机会到来时，假如是因为没有多余的存款而不能进行投资的话，会多么郁闷啊！

你要知道，年轻时的你多存些本金，是为了今后的幸福生活，是为了今后有赚钱机会时能有投资的资本！所以，不要观望，如果你的工资不够多，也别抱怨，还是在了解了自己的情况以后，制订一个适合自己的存款计划，每个月都将一定数额的钱存到银行吧。这样，等到定期存款到期的时候，不但能收回本金，还可获得一定的利息。你不需要患得患失，觉得自己这段时间把钱存起来，会丧失很多投资赚钱的机会，其实，如果你在二十几岁的时候好好地存钱，靠利息使你的存款翻倍是轻而易举的事，而且投资赚钱的机会是一定会降临在你身上的。30岁、40岁、50岁，未来还有近30年的漫漫长路在等待着你呢！所以这个叫"机会"的东西是一定会来的，关键是你是否有足够的存款抓住机会。

不要太急于求成，因为赚钱根本就没有必要急。如果你想要得到更多的年薪以及提高自己的水平，那就从现在开始提高自己的工作能力和理财能力吧！那样的话，等待着你的就是兴致勃勃去投资的30岁、富裕的40岁、高雅的50岁了。

而且，你也不要小瞧了每个月存钱的习惯，有些人就是靠这种方法积攒了人生的第一桶金。

藤田田是日本人，他依靠年轻时候每个月的定期存款，让自己在机遇到来时一举成功。他就是日本所有麦当劳快餐店的主人，是日本麦当劳社的名誉社长。

很多年前，藤田田只是一个打工仔，只有5万美元，不过他却把眼光放在了美国的麦当劳上。那时，麦当劳已经是全世界著名的连锁快餐店，如果想要拿到当地麦当劳的经营权，需要有至少75万美元的启动资金。

75万美元，对于当时的打工仔藤田田来说，简直就是个天文数字，这似乎是个不可实现的梦想。如果是常人，估计早就放弃了，但是，藤田田没有放弃。怎么办？一个想法在他脑子里一闪而过，贷款！一天早上，他敲响了日本住友银行总裁办公室的门，然后诚恳地向银行总裁说明了来意。听完了他的讲述，银行总裁询问他现在手里的现金有多少。"我只有5万美元。"藤田田有点不好意思地说道，但是，他的目光坚定而有信心。

"那请问你是否有担保人呢？"总裁问。藤田田摇了摇头，说没有。

"那你请先回去吧，我们讨论一下你的请求，有消息之后再联系你。"总裁说。一般人听到这话，就知道对方是委婉地拒绝了自己的要求，但是，藤田田没有露出败者垂头丧气的样子，他抬起头，自信地问了总裁一句话："请问您能不能听听我最后一个请求？"

总裁惊诧地看着他，犹豫着点了点头。

"您能不能听听我那5万美元的来历？"藤田田这样要求。

总裁觉得很奇怪，对藤田田钱的来历产生了兴趣，于是点了点头。藤田田开始讲述："您也许会奇怪，我这么年轻怎么会拥有这笔存款？其实这么多年来我一直保持着存款的习惯，无论什么情况发生，我每个月都把总收入的2/3存入银行。不论什么时候想要消费，我都会克制自己咬牙挺过来。因为我知道，这些钱一旦被花掉，那我以后干一番事业的梦想就难以达成。"

短短的几十秒钟，总裁就被藤田田给说服了："那你能不能告诉我你存款的银行地址？我尽快答复你。"得到地址之后，总裁马上就给对方银行打电话印证了藤田田的话。得到答复后，总裁立刻对藤田田说道："我十分敬佩你，现在我可以直接告诉你，我们住友银行将无条件贷款给你。"

得到答复的藤田田十分惊喜，虽然有些在意料之中，但他还是有些诧异，问总裁为什么。总裁说："能这样持之以恒存钱的人一定会有一番作为！年轻人，我是不会看错人的，加油吧！"于是，在银行的支持下，藤田田开始了他经营麦当劳的历史，年轻的藤田田创造了一个商业奇迹。

这就是每个月定期存钱的奇迹。也许，你并没有什么雄心壮志，不想做一番事业，只是想好好地过平淡的日子。每个月存钱，不仅仅能让你为未来积攒起投资的资本；更可以磨炼你的心性，使你培养起坚韧的品质和永不言弃的精神；而且，每个月存钱，还能够为你的生活提供最基本的保障。一箭三雕的事情，谁不愿意做呢？每一雕都可以为你未来的生活提供幸福的源泉！

财务有计划，理财才科学

如果没有根据自己的财务状况制订适合自己的计划，那么，理财就只是"乱弹琴"。科学的计划，能够让你的理财名目更清晰、目标更明确。对于女人来说，有计划的生活，比没有计划地混日子要好得多！因为女人年轻的日子不多，成熟的日子不少。每个女人都希望能够在如花般的年龄里活出自己的精彩，希望能够在自己的成熟期散发出迷人的韵味。而一个女人的理财态度，很大程度上决定了一个女人的生活状态。

所以，女人要好好学学理财知识，做金钱的主人；要保持头脑清醒，在年轻的时候就制订出适合自己的理财计划，让自己尽早走上科学的理财道路。一般来说，踏入社会之后，女人需要根据自己的情况做好涉及金钱的方方面面的计划。这些计划主要包括以下几个方面。

1. 消费和储蓄计划

女人需要决定在全年的收入里拿出多少用于消费，多少用于储蓄。与此计划有关的任务是编制年度收支表和预算表。

2. 债务计划

在进行买房等投资项目时，借债是很正常的事情。借债能帮助女人解决资金短缺的难题，也能让女人避免错失投资良机。但是，女人需要对债务加以管理，将其控制在一定范围内，并且尽可能地降低债务成本。

3. 还债计划

借债不是坏事，但是有借不还，就会影响你日后的生活，因为你的人际和信用都会下降。所以，在借债之后，女人千万不能忘了做好还债计划。

4. 保险计划

随着收入越来越稳定，女人会拥有越来越多的固定资产，这时我们需要财产保险；为了家庭生活的幸福、生活质量的提高，女人需要人寿保险；更重要的是为了应对疾病和其他意外伤害，女人需要医疗保险。

5. 投资计划

当女人的财富一天天增加的时候，女人迫切需要寻找一种容收益性、安全性和流动性为一体的投资方式。投资有很多种方式，女人要根据自己的情况合理选择。

6. 晚年生活计划

为了保证自己的晚年生活无忧，女人除购买养老保险外，还应该留够晚年所需的生活费用。

不管你是未婚的妙龄少女，还是已婚的成熟美妇，或者是已有孩子的爱心妈妈，我们都希望美丽的你，能够做一个精明的女人。

为自己和自己家庭的经济状况把一把脉，弄清楚自己和家庭的经济现状中有哪些伤疤，有哪些需要好好重新计划的项目。要理清楚这些计划不是一件简单的事，你需要学习理财知识，对家庭的财务状况有个初步了解，然后再根据缺口做出相应的补救计划，也就是适合你自己家庭的科学的理财规划。可能说得有些空泛，我们不妨来借鉴一下张太太的做法。

张太太，38岁，是一个全职太太，她的丈夫40岁，正处于职业生涯的发展期。张太太家庭现阶段拥有60平方米的住房一套，家庭收入较为稳定，拥有15万元的存款以及3万元公积金而且房屋无贷款，每月家庭收入总计8 000元，支出为5 000元，孩子上六年级。

孩子慢慢长大，张太太感到了家庭支出的紧张，于是，她好好地审视了家庭的经济现状，立马发现家庭中的经济存在很多缺口，而这些缺口或远或近地将影响到她和家人的生活质量。

（1）养老金缺口。假定张太太的丈夫60岁退休余寿25年，以张先生要求的退休后年现值4.8万元支出的生活水准计算，考虑到3%的通胀，那么张先生60岁退休当年终值为8.6693万元，按5%的投资报酬率，张先生在余寿25年内所需要的60岁时的养老金现值为173.7597万元。而从目前的数据来计算，张先生的养老金缺口还需130万元，那么，到时候，张太太与先生的晚年生活质量将得不到很好的保障。

（2）换房资金缺口。作为三口之家，张先生60平方米的小房确实需要进行更换，假设张先生的目标房产总价为100万元，而目前房产估价为30万元，那么如果进行换房，张先生不仅要卖掉现有房产还将花掉所有的积蓄，并背上50万元的贷款。

（3）教育资金缺口。孩子正在上小学，但孩子的长期发展需要足够的教育金，张先生必须及早准备子女教育金。

（4）保险品种缺口。目前张太太家没有任何商业保险，一旦有意外，将产生严重后果。防范风险的最佳办法就是购买足额的人寿保险。

所以，聪明的张太太在学习了理财知识后，认真地做了分析，将家庭目前的理财计划做了初步的规划。她按照短期、中期、长期的阶段性目标，分别做出了远近轻重的规划：短期要做保险规划；中期要做教育金和换房规划；长期需要做好养老计划。

在为自己家庭的经济状况把脉之后，张太太很快发现，原来觉得杂乱的家庭财务状况清晰了起来，接下来应该如何做，她心里已经很清楚。

首先，需要实现短期的理财计划，那就是购买保险。在收入有限的情况下，张太太想到了通过节流的方式来积攒出这部分规划所需要的资金。因为，张太太发现，目前生活支出占到总收入的62.5%。于是，张太太便减少了奢侈品的购买量，让丈夫上班的交通由打车转化为轨道交通……这样，预计月支出由5 000元降为4 000元，使总支出达到占总收入的50%的合理比例。通过一段时间的积累，短期理财计划的资金就慢慢省出来了。

其次，就是需要考虑中长期的规划了。为了不影响家庭的生活质量，家里目前的支出情况不能再降低，于是张太太又想到了开源。张太太今年38岁，学历较高，她预计自己的工作月收入能达到5 000元/月，同时改请月支出为800元的钟点工。这样，家庭的收入立马增加，在中长期的规划上，就更容易掌握主动权了。

我们相信，聪明的张太太在接下来的日子里，通过自己的努力和家人的合作，再配合其他理财工具，日子会越过越舒服。而我们呢？我们自己家里是否也存在这样或那样的财务缺口呢？如果不先了解清楚这些财务缺口，我们就无法根据这些缺口做出合适的理财规划，那我们的理财也就失去作用了。所以，亲爱的姐妹们，不妨现在就开始清点一下家里的财务缺口，做出科学的财务计划吧！

理财依据自身特点，切莫照搬照抄

处在人生不同阶段、不同层次的人群理财的重点各有不同。很多女人在理财时缺乏主见，总是跟随亲朋好友的脚步，模仿别人的理财方法来理自己的财。其实，这是很危险的一件事情，即使是衣服，别人的衣服你穿着都未必合适，更别说理财工具了。

不论是股票、基金还是房地产等任何一种投资工具，过度依赖它们过去的绩效与别人的经验而盲目跟风，无疑是最冒险的行为。

"人贵在自知"，赚钱或者理财的成败，绝大多数取决于投资人的个性。在理财行为上，先要了解自己拥有多少可动用的资金，如经济来源、收支情形、储蓄总额等，弄清楚之后，再来设定理财目标，才会知道该采取怎样的策略。但是很多人都不去认识真正的"自己"，总是跟在别人屁股后面跑，哪里热就往哪里钻，不撞南墙不回头。

各家有各家不同的经，拿着别人家的经套用到自己家的理财状况，其实是拿着自己的钱在冒险。下面，我们来对比两个案例：

案例1

"2000年，我已经毕业5年了，手里的全部积蓄只有10万元。当时在广州，我有个机会可以半价买一个新区的房子。80平方米的，要20万元。我咬咬牙用全部的储蓄，再向家人借了10万元，把房子买了下来。后面的2年，我过得好苦，每个月只有500元的零花钱，其他全部用来供房子。

结婚后，我和老公在深圳有一套80平米的房子，一直感觉太小了，想换个大房子。到2003年时，家里好不容易有30万元现金了，老公却说要买车，我一直不同意。因为我还要买房子。

老公好不容易被我说服了。终于，我们找到一个全家都很喜欢的房子，75万元。我们又开始借钱了，老公说要把现在住的小房子卖了，40万元，加上30多万元正好买个大房子。我坚决不同意，后来老公还是听我的，我们每月又开始节衣缩食地供房子。

老公总是说要卖房子，我一直坚持没让他卖。2005年，我们终于把房子全部供完了。

盘点了这6年的投资收获：广州的房子，已经由20万元涨到50多万元；深圳自己住的房子，已经由75万元涨到110万元。2005年，我把原来小房子卖了73万元（2003年时只有43万元）；然后把73万元放在股票里，又赚了20多万元。也就是说，用6年的时间，我靠理财赚了80多万元。"

案例2

顾先生今年28岁，是某公司的销售经理，税后月收入在3 000元到1万元不等。他太太在事业单位，从事文职工作，月入5 000元。目前，夫妻两人都有"五险一金"，双方父母均已退休，有退休金。

顾先生现有活期存款10万元，没有负债，家庭每月生活费支出4 200元左右，另外每年给双方老人总共5 000元左右的费用。顾先生和太太的住房是5年前父母出钱一次性付清50万元购买的，目前市值约100万元。顾先生还打理着父母的一套70平米房子，每月能收到租金2 500元。

顾先生没有购买商业保险，因为比较谨慎，也没有过多投资，只持有一些股票，市值约15万元。顾先生看到房地产市场很热，见很多朋友都在房地产市场赚到了不少的银子，便一狠心，收回了股市的15万元，加上活期存款8万元，再向别人借了7万元，买了一栋90平方米的房子，月供3 000元。

结果，生活一下子过得谨慎、小心、紧巴起来。因为存款少了，而且还背负了债务，房租的费用还不够偿还月供的，2岁的孩子的教育经费还没开始投入……而买的房子，暂时也并没有增值的迹象。顾先生的生活一时间发生了巨大的变化，手上再也阔绰不起来。

其实，从这两个案例中，我们能深切地感受到一个问题，那就是不同的家庭情况，确实不应该用相同的理财方式。像这两个例子中的主人公都有较多的房产，但是，一种是主动型的投资家庭，另一种是稳健型的。案例1中的夫妻还没有要孩子的打算，所以，在有限的资产范围内，由于所处地理位置优越，房价升值空间大，便将投资放在了房地产市场上，能够获得明显的收益；而案例2中，由于主人公的收入不够稳定，再加上已经有了孩子，那就不能像案例1中的主人那样冒大风险做高额投资了，而且，之前投资在股市的15万其实也是欠考虑的，因为风险太大。案例1中的主人公，通过黄金地段的房地产投资，让自己的资产在几年间迅速升值；但是这种情况并不适合所有的家庭，比如说，在案例2中，主人公就是因为盲从，导致套牢了大部分资金，让本来盈余的生活质量瞬间下降。其实，如果案例2中的主人公能够仔细分析自己的财务状况，采取稳健型的投资方式，他的生活质量不仅不会下降，反而会在稳中收益。

在考试时，抄别人的试卷有可能会让你拿到高分，但是，在理财中，如果总是照搬照抄别人的方法，你永远也不会有属于自己的理财思维，也永远锻炼不出精准的理财眼光，更惨的是，照搬别人的方法，失败的几率反而会大大增加。

理财贵在坚持，不要轻言放弃

李嘉诚曾说，理财必须花费较长时间，短时间是看不出效果的。"股神"巴菲特也曾说："我不懂怎样才能尽快赚钱，我只知道随着时日增长赚到钱。"

在银行每天接触各种理财工具的工作人员陈某说，理财的第一原则就是尽早开始，并坚持长期投资。但是，能够真正在理财的道路上坚持的人很少很少。前两年，基金都是翻倍增长，所以年长的投资者都把自己的养老钱拿出来购买基金，但是，每年100%甚至200%的收益率，并不是投资基金的常态，而是在特殊的牛市上涨行情中出现的特殊高回报。而理财是对一生财富的安排，如何在波动的行情中稳中求胜，是现在我们最应当考虑的。

任何一种理财方式，都是时间见分晓，耐不住性子的人，也许在短期内能够获得较高收益，但是，总会因为性子急而失去更多。就以基金为例，在众多的理财方法里，基金定投最能考验人的坚持劲。这种方式能自动做到涨时少买，跌时多买，不但可以分散投资风险，而且单位平均成本也低于平均市场价格，但其难度就在于是否能够长期坚持。

有的人，能够坚持10年，在这10年中，经历过不少惨境，也经历过小涨小跌的平缓期，但都没有半途而废，而是用10年的时间，最终让自己的收益达到同期基金中的最高水平。

1998年3月，当我国发行第一只封闭式基金时，王女士参加了申购，从此开始了与基金长达十余年的不了情。最初，她用2万元申购到了1 000份基金金泰，上市后价格持续上升，身边炒股的朋友劝她卖出，但她坚持没卖，直等涨了1倍时才卖，用2万元本金居然轻松挣了2万元！这是王女士在基金上也是在中国证券市场上挖到的第一桶金，心里别提有多高兴了。之后，基金市场一直火了好几年。

但天有不测风云，中国股市火了几年后，熊市悄悄来临了。漫长的熊市让大家感到痛苦和无奈，经济学家的预测不灵了，基金的投资神话似乎也破灭了。终于，在2005年，黎明前的黑暗中，王女士将封闭式基金卖掉了，只留下1 000份基金兴华。

时间到了2006年9月，她不经意间听了一场基金讲座，让她忽然发现中国的证券市场已是冬去春来了！于是，在王女士40岁生日这天，她果断地将10万元投资到华夏红利基金中。"周围的人都认为我疯了，但是我知道，坚持一定会有收益，等了这么多年，该是收益的时候了！"

果然，仅8个月的时间，王女士的收益已翻倍有余。她庆幸在最惨淡的时候，她没有半路放弃，而是咬牙坚持了下来，整整10年，最终得到的还是收获。

像这位女性朋友这样10年的坚持，少有人能够做到。尤其是很多患得患失的女性朋友，更是容易在稍微有点涨动或者跌落的趋势时就动摇、放弃，这样，永远都得不到好的收益。

理财最重要的是能够稳住，在最糟糕的情况下稳住，坚信时间将会改变局势。相信很多半途而废的理财人士在看着那些本来可以进入自己口袋的收益，因为自己的提早放弃而流失时，都有相同的感受。其实，很多人在投资一项理财工具时，都有着侥幸的心理，也有遭遇风险的心理准备，按理说，应该能够经得起时间的考验。但是，往往真的出现风吹草动时，很多人就跟风放弃了。有坚持的想法，却没有坚持的决心；有坚持的理由，却没有坚持的行动，最终也就只能是小打小闹了。这种坚持之心，也不是通过训导就能够说服的，只有我们亲身经历过，尝过一次甜头，才会真的相信坚持的魔力。

最后，我们就用一个有着多年理财经验的女士的理财心得结尾，希望对大家有所帮助。"关于理财，每一个人的性格、方式和风险承受能力都不同。但是，我觉得一定要有一个信念——如果自己有坚定的信念和看好的投资方法，就一定要坚持。例如，你认为基金定投作为一种长期的理财投资品种，坚持3~5年，甚至10年时间可以收到可观回报，那你就一定要坚持每个月都定投，不要看到股市行情不好，赔钱了，就放弃了自己的信念。我觉得既然是自己认定的路就一定要走到底，千万不要半途而废……"

不做守财奴，存钱不是生活的全部

有的人是天生的守财奴，富而吝啬，人称之为"钱罐"。其中最典型的守财奴形象就是巴尔扎克笔下的葛朗台。像葛朗台这样的守财奴，守财守了一辈子，最终还是一无所获，什么也没得到。

作为女人，不应该成为一生只会抱着钱财睡觉的守财奴，我们需要爱护好自己，需要珍惜自己如花的容貌和流金般的岁月。如果有钱却抱着钱存在银行里不动弹，让自己像个贫穷的灰姑娘一样，那多亏待自己？更何况，安稳守财的时代已经过去了！今天的你，随时可能遭遇失业、通胀、金融危机等各种不可预测的状况！到时候，如果你手头一无所有，流落街头也不足为奇！

作为已婚女人，我们不仅要替自己的生活做打算，替自己的未来做打算，还需要做整个家庭的理财师，让家里的资金能够充分发挥它们的作用，而不仅仅是让家人辛辛苦苦挣来的钱在银行里发霉。

这里有一个小故事，发生在一对守财奴夫妻身上。也许看完之后，我们会有一些想法。

妻：老公，那钱放好了没？

夫：老婆，放心吧，放安稳着呢！

妻：放哪儿呢？

夫：墙缝里呀！

妻：不是说放冰箱里吗？

夫：好好好，下星期放冰箱行不？

春夏秋冬，年复一年……5年之后……

夫：老婆，物价老涨，我们要不要拿钱出来去买房？

妻：老公，快来看呀，钞票都给老鼠咬烂了！

……

这是原始的存钱方式，也是金钱对不会利用它的人的嘲讽。如今，在货币市场多变的今天，还有人在不断重复这样的原始方式，以求一份心安理得，只不过，原来的墙缝和冰箱，如今换成了银行。

在小敏看来，存钱是她生命中唯一的乐趣。她用最安稳妥当的方式，细心保管赚进来的每1元钱。叫她投资，她说风险太大不考虑，赔掉本金谁负责？

正常人赚钱是为让自己的生活过得优越舒适，小敏却不，她以累积财富为人生的乐趣。于是，她把小钱存成大钱，把大钱变成定存，再把定存生出来的小钱组织起来，成为大钱，周而复始，乐此不疲。她不擦化妆品、不穿新衣服，当然，别人送的除外，但大多情况下她会转手把化妆品和新衣服卖出去，除非有滞销货品。她也不吃大餐，当然，别人请客除外，如果量多的话，她会打包回家。对于女人的所有喜好，她全然没有。

如果做女人做成这样，不知道还有什么意思；如果存钱存成这样，不知道存起来的钱还有什么意义。爱财没错，存钱也没错，可是爱财爱到这份上，爱财爱到对自己都一毛不拔，爱存钱胜过爱自己，这就不仅仅是对自己的轻视，也是对钱的蔑视。

是的，女人爱财，但是，女人不应该做守财奴，不应该只是心安理得地存着钱。况且，钱都存在银行里，通货膨胀之后，钱就相当于越存越少了！

能挣的不如会花的

一位大富豪走进一家银行。"请问先生，你有什么事情需要我们效劳吗？"贷款部的营业员一边小心地询问，一边打量着来人的穿着：名贵的西服、高档的皮鞋、昂贵的手表，还有镶宝石的领带夹子……

"我想借点钱。"

"完全可以，你想借多少呢？"

"1美元。"

"只借1美元？"贷款部的营业员惊愕得张大了嘴巴。

"我只需要1美元。可以吗？"

贷款部营业员的心头立刻高速运转起来：这人穿戴如此阔气，为什么只借1美元？他是在试探我们的工作质量和服务效率吧？营业员便装出高兴的样子说："当然，只要有担保，无论借多少，我们都可以照办。""好吧。"这个人从豪华的皮包里取出一大堆股票、债券等放在柜台上，"这些作担保可以吗？"

营业员清点了一下，说："先生，总共50万美元，作担保足够了。不过先生，你真的只借1美元吗？"

"是的，我只需要1美元。有问题吗？"

"好吧，请办理手续，年息为6%，只要你付6%的利息，且在1年后归还贷款，我们就把这些作保的股票和证券还给你……"

富豪走后，一直在一边旁观的银行经理怎么也弄不明白，一个拥有50万美元的人，怎么会跑到银行来借1美元呢？

他追了上去问道："先生，对不起，能问你一个问题吗？"

"当然可以。"

"我是这家银行的经理，我实在弄不懂，你拥有50万美元的家当，为什么只借1美元呢？"

"好吧！我不妨把实情告诉你。我来这里办一件事，随身携带这些票券很不方便，便问过几家金库，要租他们的保险箱，但租金都很昂贵。所以我就到贵行将这些东西以担保的形式寄存了，由你们替我保管，况且利息很便宜，存1年才不过6美分……"

经理如梦方醒，但他也十分钦佩这位先生，他的做法实在太高明了。

"能挣会花"，究其本意，是"好钢要用在刀刃上"。"能挣"是"用自己所能去争取"，靠自己的勤劳获取应得的利益；"会花"就是"花有所值"，而不是做毫无意义甚至是有损美德的消费。

第三章 能挣钱也会花钱，过优质好生活

有人说，美丽的女人懂得投资外在，聪明的女人懂得投资内在。做个内外兼顾的美丽女子，做好预算，把钱花在刀刃上，就是最基本的理财功课。

看透金钱本质，不做拜金女

拜金女不是一个被社会所认可的群体。拜金女们盲目崇拜金钱，把金钱的价值看做最高价值，一切价值都要服从于金钱，她们把亲情、友情、爱情等都放在金钱脚下；她们认为金钱不仅万能，而且是衡量一切行为准则的标准。正是由于拜金女们太过强调金钱的重要性，以致于她们变得唯利是图，对许多事物经常只看得到表面，看不到其内涵、精神层面，往往过得极为空虚。

我们都不希望我们所爱的人是拜金的人。因为在拜金的人心里，能够为了钱而舍弃其他一切。这种人太可怕！等到这种人最有钱的时候，也就成了她最贫穷的时候，因为她穷得只剩下金钱了。

在2008年亚洲小姐竞选总决赛中，原籍中国西安的1号佳丽姚佳雯获全场最高的137 610票，摘下桂冠及"最完美体态大奖"。姚佳雯是全场学历最高的硕士佳丽，赛前并不瞩目，但当晚成为夺冠黑马。在最后与颜子菲两强决战阶段，她被发问嘉宾踢爆此前曾两度参加选美。2004年参选"中华小姐环球大赛"时，她因在"金钱与老公""金钱与父母""金钱与国家"三道选择题中，除以父母为首选外，其他两项都毫不犹豫选择金钱，而被网友视为"拜金佳丽"并炮轰。当晚嘉宾向她尖锐提问：参加选美目的何在，是否为钓金龟婿？她真情表白："2004年我参加选美被人骂，以为我是为钱。我如今再战江湖，其实因为我想做个主持，想打这份工！"这个回答令她票数飙升。

从这个例子中就不难看出，我们都不喜欢拜金的人，一个女人即使长得再美，如果拜金，就会让人感觉她缺少了作为人最基本的一些情感，让人感觉她似乎与我们不是同类了。

金钱并不是万能的，有一首《买到与买不到之歌》就很好地诠释了这一点："金钱能买到房屋，但买不到家；金钱能买到药，但买不到健康；金钱能买到美食，但买不到食欲；金钱能买到床，但买不到睡眠……"一些腰缠万贯的富翁们不就常感叹自己是精神上的乞丐，"穷得只剩下钱了"吗？所以，我们要树立正确的金钱观。

人生有两种幸福，即生活的幸福和生命的幸福，能够获得这两种幸福的人应是最幸福的人。生活的幸福追求衣食住行、功名富贵；生命的幸福追求平安喜乐、真爱温暖和永恒的归宿。如果满脑子都是拜金的想法，即使最终你的生活之路变得富有，你的生命之路却会贫穷。那么即使满屋子都是高档奢侈品，你却只剩下空虚做伴、寂寞为枕。

我们要看到金钱与人生有着密切关系，更应该看到金钱不是人生的全部内容，不是人生价值的决定因素。我们生活的目标并不单单是为了赚钱，同时也是为了更好地享受幸福和生活得更加充实。

所以，我们不做拜金女。我们要做的，是把拥有财富当做一种爱好，而不应完全拜倒在它的脚下。做金钱的主人，才能享受金钱给我们带来的快乐。

"月光族"的理财计划

如今，"月光族"成为了许多年轻人的代名词，如果不能很好地规划财务，薪水族很容易成为"月光族"。为了让生活有一定的保障，"月光族"必须摆脱月光。"月光族"薪水节流有以下8大妙招。

1. 计划经济

对每月的薪水应该好好计划，哪些地方需要支出，哪些地方需要节省，每月做到把工资的1/3或1/4固定纳入个人的储蓄计划，最好办理零存整取。储额虽占工资的小部分，但从长远来看，1年下来就有不小的一笔资金。储金不但可以用来添置一些大件物品如电脑等，也可作为个人"充电"学习及旅游等支出。另外，每月可给自己做一份"个人财务明细表"，对于大额支出，看看超支的部分是否合理，如不合理，在下月的支出中可作调整。

2. 尝试投资

在消费的同时，也要形成良好的投资意识，因为投资才是增值的最佳途径。不妨根据个人的特点和具体情况做出相应的投资计划，如股票、基金、收藏等。这样的资金"分流"可以帮助你克制大手大脚的消费习惯。当然要提醒的是，不妨在开始经验不足时进行小额投资，以降低投资风险。

3. 择友而交

你的交际圈在很大程度上影响着你的消费。多交些平时不乱花钱、有良好消费习惯的朋友，不要只交那些以消费为时尚、以追逐名牌为面子的朋友。不顾自己的实际消费能力而盲目攀比只会导致"财政赤字"，应根据自己的收入和实际需要进行合理消费。

同朋友交往时，不要为了面子在朋友中一味地树立"大方"的形象，如在请客吃饭、娱乐活动中争着买单，这样往往会使自己陷入窘迫之中。最好的方式还是大家轮流坐庄，或者实行"AA"制。

4. 自我克制

年轻人大都喜欢逛街购物，往往一逛街便很难控制自己的消费欲望。因此在逛街前要先想好这次主要购买什么和大概的花费，现金不要多带，也不要随意用卡消费；做到心中有数，不要盲目购物、买些不实用或暂时用不上的东西，以免造成闲置。

5. 提高购物艺术

购物时，要学会讨价还价，货比三家，做到尽量以最低的价格买到所需的物品。这并非"小气"，而是一种成熟的消费经验。商家换季打折时是不错的购物良机，但要注意一点，应选购些大方、易搭配的服装，千万别造成虚置。

6. 少参与抽奖活动

有奖促销、彩票、抽奖等活动容易刺激人的侥幸心理，使人产生"赌博"心态，从而难以控制自己的花钱欲望。

7. 务实恋爱

在青春期中，恋爱是很大的一笔开支。处于热恋中的男女总想以鲜花、礼物或出入酒店、咖啡厅等场所来进一步稳固情感，尤其是男性，在女友面前特别在意"面子"，即使囊中羞涩也不惜"打肿脸充胖子"。但不要认为钱花得越多越能代表对恋人的感情，把恋情建立在金钱基础上，长远下去会令自己经济紧张，同时也会令对方无形中感到压力，影响对爱情的判断。倘若一旦分手，即便没产生经济方面的纠葛，也会使"投资"多的一方蒙受较大的经济损失。送恋人的礼物不求名贵，应考虑对方的喜好、需要与自己的经济承受能力。

8. 不贪玩乐

年轻的朋友大都爱玩，爱交际，适当地玩和交际是必要的，但一定要有度，工作之余不要在麻将桌上、电影院、歌舞厅里虚度时光。玩乐不但丧志，而且易耗金钱。应该培养和发掘自己多方面的特长、情趣，努力创业，在消费的同时，更多地积累赚钱的能力与资本。

远离"月光族"，让财富从零开始积累

在年轻人中流行着一种享乐的消费观念，他们每月的收入全部用来消费和享受，每到月底银行账户里基本处于"零状态"，所以就出现了所谓的"月光族"这个群体。

"月光族"的基本特征是：每月挣多少，就花多少；往往穿的是名牌，用的是名牌，吃的是馆子，可就是银行账户总是处于亏空状态；他们偏好开源，讨厌节流，喜爱用花掉的钱证明自己的价值，他们认为花出去的才是钱；他们还常常认为会花钱的人才会挣钱，所以每个月辛苦挣来的"银子"，到了月末总是会花得精光。这就是"月光族"的真实写照。

"月光族"表面上看起来五光十色的生活，实际埋藏着巨大的隐患，他们的资金链是处于"断开"状态下的。没有积蓄，所有的收入都消费了，看似潇洒的生活方式是以牺牲个人风险抵御能力为代价的。导致的后果是：这些人很有可能因为一次意外（如疾病、失业等），而使个人资金出现严重问题，以至于无法抵御这些不良影响的作用；更不要指望他们能独立解决个人面临的成家立业、赡养老人以及抚养子女的问题了。所以，"月光族"风光表面的背后，其实质是一种被动的生活方式。这种生活方式会把你变成一只"待宰的羔羊"，当风险来临的时候你只能"束手待毙"。

再从心理角度来分析，其实"月光族"表现出来的是一种不成熟的心态。经过调查，可以发现"月光族"往往跟单身是画等号的。而已经成家的人，或者已经有男朋友，并且计划要成家的人往往都不是"月光族"的成员。为什么会这样，实际上道理很简单，你见过结婚后的人花钱大手大脚，每月把账户里的钱都花光光的家庭么？很少见吧。因为他们需要养家，养孩子，怎么能轻易让自己的家庭暴露在风险之下呢？

压力迫使他们必须有风险意识。而单身的时候，往往"一个人吃饱了全家不饿"，父母暂时不用赡养，也没有孩子要负担，挣了多少钱，都用于个人消费了。所以很自然地，就很难控制自己的消费，慢慢成了"月光族"。说得深一些，因为这时候他们自己还是"孩子"，还没"长大"。

张小姐毕业于北京一所著名高校，毕业后在一家金融公司工作2年，月薪4 000元，除去每个月的房租、生活费，张小姐喜欢逛街到西单中友百货买衣服，每周至少一次。此外，每月还会在三里屯酒吧小酌两杯，1个月下来，4 000元往往不够花。有时候还不得不跟好友借钱。结果2年工作下来没攒下什么钱。张小姐今年已经25岁了，她很庆幸自己是个女孩，因为自己可以找一个有一定经济实力的男朋友，并希望男朋友最好能有套房，这样她就不用为买房操心了。张小姐是一个女士，她可能在成家方面需要付出的相对较少，但是她真的就不需要存有一定的资金么？假如她能嫁一个"钻石王老五"还好说，倘若嫁一个收入平常的人，要想成家恐怕就不那么容易了。其实与北京普通市民的平均工资相比，张小姐的工资算多的了。即便这样，她依然抱怨："每到月底，我就两手空空，望眼欲穿地盼望着下个月的薪水。"

要改变平时已经习惯了的消费模式不容易，存钱对于"月光公主"来说更是一项艰难的工作。但是，为了将来的幸福生活，"月光公主"必须"自救"。

1. 强迫储蓄法

很多单身女贵族都养成了有多少钱就花多少钱的习惯。要想让自己日后的生活有所保障，最好选择每月从账户中强迫扣款的方式来存钱，比如零存整取。

2. 忍者神龟法

现代女性追求品位，注重时尚，购买名牌物品的劲头十足，但狂热购买名牌的结果，只会让自己陷入入不敷出的窘境。因此在对购买名牌有冲动时，你要学会忍，要将有限的财力用在必需品上。

3. 积少成多法

一日三餐、坐公交车、一本令人心动的小说、一场赏心悦目的电影……如此一天消费下来，你会发现钱包里多了许多零钱。此时你可将其悉数取出，专门置放一处，日日坚持，到一季或半年后再到银行换成整钱结算一次，你会惊喜地发现每日取出存放的零钱已积累成一笔可观的数目。

女性生理期会影响购物欲望

有这么一则新闻：

英国心理学家研究发现，女性在月经周期最后10天左右更易产生购物冲动。女性所处月经周期越靠后，她们超支的可能性越大，在花钱方面更不节制、更冲动、超支金额更多。

"我被购物冲动抓住，如果不买东西，我就感觉焦虑，如同不能呼吸一般。这听起来很荒唐，但这事每个月都在发生。"一位参与这项科学研究的女性这样说。

科学家认为，女性月经周期中体内荷尔蒙的变化容易引起不良情绪，如抑郁、压力感和生气。她们感到非常有压力或沮丧，容易选择购物这一方式，让自己高兴并调节情绪。对许多女性而言，购物成为一种"情感上的习惯"。她们不是因为需要而购买商品，而是享受购物带来的兴奋感。

研究同时发现，不少女性会为冲动购物感到懊恼。以大学生塞利娜·哈尔为例，她平素习惯穿平跟鞋，但一时兴起想买高跟鞋，于是一口气买下好几款颜色不同的高跟鞋。然而，没隔多久，她就不喜欢这些新鞋，不愿再穿。

科学家说，如果女性担心自己的购物行为，她们应该避免在月经周期后期购物。她们应考虑干点别的，而不是周末去逛商业街。

事先完全无购买愿望，没有经过正常的消费决策过程，临时决定购买，购买时完全背离对商品和商标的正常选择，是一种突发性的行为，事后却发现你根本不需要它，或者它的作用很小。其实，这就是典型的冲动型消费。

冲动型消费者（consumer of impulsiveness）是指在某种急切的购买心理的支配下，仅凭直观感觉与情绪购买商品的消费者。冲动型消费者的购买行为是商品广告、宣传诉诸情绪的强烈冲击，唤起心理活动的敏捷与定向。为什么女性构成了冲动型消费者的主流人群呢？

首先，女性容易受到情绪因素的影响，是心理更不成熟、更为脆弱的群体。女性中最常见的就是情绪化消费。

据统计有50%以上的女性在发了工资后会增加逛街的次数，40%以上的女性在极端情绪下（如心情不好或者心情非常好的情况）会增加逛街的次数。可见，购物消费是女性缓解压力、平衡情绪的方法，不论花了多少钱，只要能调整好心情，80%左右的人都认为值得。

其次，女性的敏感情绪还容易受到人为气氛的影响，如受到打折、促销、广告等因素的影响。

据专家对北京、上海、广州三地进行的针对18~35岁青年女性的调查显示：

因打折优惠影响而购买不需要物品的女性超过50%；

受广告影响购买无用商品或不当消费的女性超过20%；

因商品店内的时尚气氛和现场展销而消费的女性超过40%；

因受到促销人员诱导而不当消费的女性超过50%。

再次，女性在选择物品时，态度更倾向于犹豫和动摇，形成过度消费。尤其是在面对众多种类的商品时。

在美国加州的一家杂货店内，经济学家们曾做过一个测试：他们在货架上排上6~20种不同的果酱，商家将每三种用胶带封在一起。某家庭主妇欲购买特定的三种，但它们被两种不同的胶带封在一起。思考再三后，该主妇购买了两个封条的六瓶果酱。

事实上，对于每个人来说，商品选择多的时候，通常都难于选择。但这点在女性身上表现得更为明显。当她们面对众多选择时，常常会忘记自己最初的需求，在其他货品的吸引下，改变原来的购买想法。这也是为什么经济学家们认为女性不适合做传统经济学中理性十足的"经济人"，仅从消费这一点看，她们犯的错误就太多了。

冲动型消费其实是一种感性消费，而作为"经济人"的我们，应该能控制随兴而起的"购物冲动"，做到有计划、有目标的购物，只有这样才能尽量减少自己购物的"后悔感"，做一名真正理性的人！

引导消费，别让商家占了你的便宜

女性朋友们，你经常会遇到这样的例子，在商场买衣服，本来你只想买一件衣服，可店员在让你试衣服的同时会让你穿着她们的鞋子或者搭配她们的包包，这样整体效果就会很好，这时候你发现，自己的鞋子和包包都和这件衣服不搭配了，于是你一狠心就都买下了。回到家以后，你发现，自己其实可以任意搭配的。

这就是所谓的引导消费，即厂商引导消费者，厂商生产销售创新产品或者消费者非常关心的商品。厂商必须想方设法引导消费、创造需求，将消费者脑海中未有的或者潜在的需求转化为现实需求。

生活中，比如你去逛商场逛书店，总会遇到一些人把你拦下来，让你去免费体验美容美发、教育培训或者是食品饮料等。让你白吃白喝舒舒服服地免费享受一番，他们图的是什么？他们把这些开销省下来不好么？细心的消费者会发现，一般邀请顾客免费体验的产品都是平常没见过的，显然是一种引导消费。

是什么因素促使商家要采取"引导消费"这一策略呢？这主要由两方面的因素决定：

一方面因素是，生产过剩时代的到来。各类商品都空前丰富，让原有的"引导消费"（指厂商根据消费者的现实需求，生产销售产品，以满足消费者所需）满足需求的理念无用武之地，消费者面临的不再是物质短缺，而是商品太多，难以选择的问题。

另一方面因素是，高新技术产品层出不穷，这些新发明产品的功能、作用非普通消费者所能知晓，厂商必须经有效的引导消费，才有可能激发消费者的潜在需求。其中，最重要的是，厂商与消费者对产品信息的严重不对称，每个消费者每天所能够接受的信息非常有限，消费者的注意力相对于浩瀚的信息源成为极为稀缺的资源。可以这样假设，消费者所能主动了解的商品信息，特别是新技术产品的信息接近于零，而厂商对自己生产、销售的产品信息基本上完全了解，两者之间产生了严重的信息不对称，厂商只有通过各种传播途径告知消费者详细的产品信息，尽可能令信息对称。

简单地说，"引导消费"就是商家通过"免费体验"的策略吸引消费者的眼球，帮助消费者选择，使消费者对自己提供的产品或服务建立初步的认可，进而促成可能的购买行为的过程。最终实现销售产品或服务，达到从中盈利的目的。知道了这些，当我们再遇到商家热情的邀请时，一定要三思而后行。

常见的价格陷阱

有的时候，商品的价格存在很大的欺骗性。识别价格的陷阱能帮助女性朋友们减少开支。

虚报原价。人们一般认为打折的商品比较便宜，有的商家抓住消费者的这种心理，提高商品的折扣率，同时也提高了原价，商品的实际价格并没有任何变化，但消费者往往被商家的这种欺骗手段所蒙蔽。

高报标价。低价是比出来的，不是报出来的。有的商家说自己商品的价格是市场最低价、出厂价、批发价、特价，其实不然，这个报价甚至比其他商家的价格还要高。

价格附加条件不说明。商家在销售商品和提供服务带有价格附加条件时，不标明或者含糊标示。比如商场的促销返券活动，返券只能用来购买某些指定的产品或者只有在购买其他产品时返券才能用，但商场宣传时只说返券，而不提附加条件。

两套价格。有的商家对同一商品或者服务，在同一店面使用两种标价签或者价目表，以低价吸引顾客，却用高价结算。比如某商家一件商品有1 000元和600两种标价，顾客来了先向顾客推荐价格1 000元的商品，即使顾客以8折买走了该商品，商家还是多赚了200元。

虚假标价。标价签、价目表等所标示商品的品名、产地、价格或服务项目、收费标准与实际收费标准不符。如餐饮企业不明确告知顾客，结账时加收台位费、包房费等。

不守信用。商家事先向客户承诺的服务和优惠不履行或不完全履行。比如有的旅行社改变行程路线、减少参观景点、降低吃住条件等，甚至让旅客补交旅行费用等。

虚假折价。商家宣传商品的折扣较高，其实折扣幅度与实际不符，如商家说1折起，但实际上最大的折扣也要五折。

赠售有水分。采用馈赠等促销方式时，馈赠物品的品名、数量标注不明，或者馈赠物品为假劣商品。

防骗五锦囊

尽管女人们都明白"天下没有免费的午餐"，但由于"馅饼心理"的作祟，面对诱惑总是难以抵挡。一些厂商正是利用了人们的这一心理，不断推出免费品尝、咨询、试用等形形色色的促销活动，待消费者免费消费过后，才知道所谓的"免费"，其实是"宰你没商量"。年轻的单身贵族消费具有很大的随机性，因此常常上"免费"的当。

对于"免费的午餐"，不管你信不信，都不要去试，否则，你连哭的地方都没有。在此，教给大家防骗五锦囊。

1. 不要贪小便宜

有些骗子故意在路边丢下假金项链、假钻戒等物引诱人们上钩，然后以平分为由，诈骗钱财。据分析，人们上当的原因不外乎贪小便宜，给了骗子可乘之机。须知，天下没有免费的午餐，不义之财不可得。

2. 不要轻信他人

要警惕骗子利用过期作废、不可兑换或伪造的外币，采用"串通表演"的手法进行诱骗。人们如遇到有人自称兜售外币，一定要先到银行进行鉴定后才可兑换。千万不要因贪小利而被迷惑，以免落得个"竹篮打水一场空"的结局。

3. 不要图高利集资

近些年来，非法集资案屡屡发生，许多求财心切的人因此倾家荡产。虽然国家明令禁止非法集资，但这种非法行为在一些地方仍然存在，特别是在当前低利率的形势下，一些非法分子利用人们贪图高利的心理，有的声称利率高达20%~30%，以引诱个人资金入股。这多半是一个美丽的陷阱，要小心为上。

4. 不要盲目为他人担保

有些人常碍于面子为他人提供经济担保，把储蓄存单、债券等有价证券借给别人到银行办理小额抵押贷款业务。殊不知，一旦贷款到期后借款人无力偿还贷款，银行就会依法支取你的有价证券用于收回债权。

5. 不要涉足高风险投资

一些人的应变能力较差，不精于计算，因此最好不要选择风险性高的投资方式，如股市、汇市、房地产等，可以选择储蓄、国债等有稳定收益的投资种类。

撩起打折的面纱

女性朋友们最喜欢打折商品。曾经流行过这样一句顺口溜："七八九折不算折，四五六折毛毛雨，一二三折不稀奇。"有"过来人"尖锐地说："打折就是随意定价的结果，商家一开始就想好了用打折的办法'钓鱼'、蒙人。"建议女性朋友们在打折面前最好不要冲动，冷静一下，看看这个东西你是否真的需要。不需要的话，打再低的折也不应为其所动。

很多商场经常标出"全场几折起"的牌子，女性朋友们请注意，千万不要小瞧了这个"起"字，这个"起"字可是给了商家很大的活动空间。

关小姐在打着此招牌的商场里看中了一双品牌鞋，去买单时，品牌鞋却不打折。"那为什么要写'全场6折起'呢？"关小姐不解地问。"是为了造声势，这个都不懂。"收银员嘟哝着。

据知情人士透露：实际上真正打这个折扣的商品不足50%。再说那么多商品，利润各不相同，怎么能一刀切地定在6折呢？其实，各个商场的货都是差不多的，打折的幅度在同一时间段也不会有什么大变动。而且很多大品牌是不参加商场的打折活动的，它们的促销活动都是全市连锁店统一行动。还有很多新品同样不参加活动，真正打6折的，往往都是那些过时过季的滞销货。

同时，女性朋友们还要注意防范"××名牌春装打折"的招数。

冯小姐在一家高档商场看到一法国著名品牌服装打折，并且折扣还很低，冯小姐不禁大喜，认为好机会就在眼前。可是仔细一看，都是库存2年以上的旧货，而且有些是断码。

"买二赠一"中也有大名堂，一不小心你就会上当。

刘女士在一家时装商场看到这么一则广告："全部西装买一送一"。她最初以为买一套可以送一套，就花了838元买了一套西装，谁知商家却送给张女士一本小小的通讯录。后来她发现相同的西装在别处才卖588元。

相信你一定碰到过"购满500元送××元"的活动。有些女性朋友总是喜欢那些新奇的小玩意，并称之为"非卖品"。当初之所以痛下买手也是因为看上了这些所谓的"限量赠送""特制品"等名头。要知道，你这可是为了芝麻丢了西瓜，就为了一个价值不足50元的小玩意而掏出500元买了并不太喜欢的东西，值得吗？

另外，千万别相信"买200元付100元"的谎言。初一看，不禁大喜，这不就是打5折吗？殊不知，这只是一个美丽的童话！

李小姐同样相信了这个美丽的童话。她看上了一件样式和品质都很不错的羊绒大衣，标价1 198元。她心里暗自盘算，只用掏599元就可以买到这件心仪的大衣了。"就要这件吧！"她爽快地对营业员说，营业员开好了小票，她看也没看就朝收银台走去。刷完卡签字的时候，李小姐看到上面698元的金额不禁大吃一惊，去找营业员理论。营业员告之，只有满了200元才付100元，1 198元中，1 000元可只付500元，而零头198元不到200元则要实付，所以就是500元加198元，共计698元。李小姐这才明白过来，想一想卡都刷了，算了吧，只能下次注意了。

廉价消费要有度

女人为了缩减开支，经常买一些便宜的商品，这很正常。可是在买商品的时候一定要有度，廉价消费如果过度了也是一种浪费。

爱美是女人的天性，贪小便宜更是女人掩藏不住的习性。不过还好，女人有聪明的头脑和可以控制的情绪，只要能在突然被物质吸引住而失去理智的一刹那冷静一秒钟，想一下这个问题："除了是现在并不吃亏外，它真的让你占到实质的便宜了吗？"或许就能控制住过度消费的念头。

除非你生于富豪之家，花钱逛街、买东西属于个人兴趣的一部分，那就另当别论；不然，若发现你的衣柜里有几件还未穿过、而且商标还挂着没剪的衣服，你可要反省一下了。你是不是有过类似的经历：在还没买衣服之前觉得还不错，可是，当买回家后却发觉并不适合自己，或穿过一次就被打入冷宫了……

你常穿的衣服，是不是虽贵却很耐穿的？可能当时你买得心痛，还埋怨着："完了！要挨饿好几天了！"可是，那件让你有机会减肥几天的衣服，到现在却仍旧爱不释手，这也称得上是很好的长期投资了！虽然它不会增值，也没有利息，但是，一件高档衣服的投资能让你省下一大箱廉价衣服所花的冤枉钱。把省下的钱再拿去投资可以增值又有利息可赚的理财计划，这样一来，不是让生活多了正面的构想、而少了许多的遗憾吗？

不过，每个人对金钱的衡量标准不同，廉价衣与高档衣的区分也依个人有不同的定义。"占了一大箱便宜廉价衣，不如吃亏拥有几套高档衣"，只是以不同看法去判断自己是否是为所需而花钱的观念。在你认为是廉价衣服的时候，是否认清自己是为了一时的贪念而买，还是那件衣服真的值得买？

可别小看以上这些小小的生活习惯，有些人能从这些习惯中省下巨大的财富。

优惠券，更"受惠"的是商家

情人节之际，章小姐到超市买东西。想买盒巧克力送男朋友，而且有的巧克力还有优惠，送男士洗面奶，但是必须有会员卡。章小姐犹豫了，买还是不买呢，但怎么看怎么划算。

服务员看见章小姐在看商品，走过来说："送男朋友吧？买这盒巧克力很合适的，送男士洗面奶，只要办张会员卡，以后买东西可以积分的！"

章小姐："啊？有这个必要么？"

服务员惊讶着说："怎么没有啊，洗面奶什么都可以用的啊，平时我们这个是不搞活动的，只有这个节日才有的优惠，不要错过。"

章小姐想想也对，就办了张卡，买了巧克力和洗面奶。

会员卡的出现，就像商场经常发放的优惠券。比如，在麦当劳的网站上，顾客只要打印某张优惠券，就可以凭券到麦当劳以优惠价格享受某种套餐，甚至在路边也可以获得免费发放的优惠券。

表面上看来，它们是商家让利给消费者。事实果真如此？

商家发放优惠券，最容易想到的解释是：吸引更多的顾客，扩大销售量。但如果是这样的目的，那不如直接降价。正确的解释是：商家借此进行"价格歧视"。

一般来说，价格歧视是指企业在销售一种商品时，对不同消费者索取不同的价格，或根据消费者购买数量的不同索取不同的价格。赚取更多利润的利益驱动，是商家实行"价格歧视"的根本原因。

从市场需求来看，价格越高，需求量就越小；价格越低，需求量就越大。从商家定价来看，如果把价格定得过低，虽能卖出大量的产品，但由于每件产品所赚取的利润小，总的利润会较低；反过来，如果把价格定得过高，虽然每件产品所赚取的利润大，可是能卖出的产品总数却很少，总的利润还是不高。

事实上，商家定价的决定因素是"总利润"，而不是"价格"的高低。商家必须锁定具体的顾客，根据顾客的需求以及其对产品价格的敏感程度，寻找一个恰当的价格水平，让总利润达到最大。回到麦当劳的优惠券上，麦当劳又是如何通过优惠券"受惠"的呢？

获取麦当劳的优惠券，需要花费一定的成本。上网寻找优惠券，阅读麦当劳的宣传报纸，需要花费搜寻成本；打印优惠券，或者索取优惠券，需要花费时间成本。通常是那些时间成本比较便宜的人，更愿意使用优惠券。而时间成本比较便宜的，又往往是一些收入偏低的人。

于是，麦当劳成功地把顾客分成了两类：富人和穷人。对于富人——不持有优惠券的人，麦当劳供给他们的商品就比较贵；而对于穷人——持有优惠券的人，麦当劳给他们打折。通过这一分类，麦当劳的总利润就达到了最佳状态。

轻松解决超市大采购

很多女人逛起超市来，这也要，那也要，拿的时候掂不出钱的分量，算起账来往往吓一大跳：哇，怎么会花这么多钱！虽说过了把"购物瘾"，但钱包也空瘪了许多。那么，如何才能防止钱包"为伊消得人憔悴"呢？

1. 进门之前好好计划

进超市前最好先制订一个购物计划，将必买品记下来，粗略算一下价格，带上略多的钞票，然后再进超市购物。

2. 打折商品三思而行

打折减价均是商家促销的一种手段。俗话说，"只有错买，没有错卖"。尤其是食品，都有其特定的保质期。有些超市减价的食品大都快过期，如果贪图便宜过多购买，一下子又吃不完，就会有变质的危险，这样算下来，一点也不便宜。

3. 最好使用手提篮

纤纤女士，手无缚鸡之力，手提篮无形中从质量和体积上限制了购物的数量，何乐而不为呢？

4. 别带孩子逛超市

小孩子天性爱吃爱玩。如果带小孩子去超市，往往会增加许多计划外的开支。小孩子一进超市，仿佛刘姥姥进了大观园，兴奋得不知东南西北，吃的喝的玩的——增加了不该有的额外开支。

5. 尽量少往超市跑

最好定期去超市，1周或半个月去一次。平时把需要购买的家庭必需品及时记下来，然后集中一次购买。逛超市次数越多，花的票子也就越多。

你想节约的话，就不要怕麻烦。

想买的东西请等3天

想买的东西等3天，而将想要丢弃的东西，多留1天。如此，就会发现还有半数以上的物品是可以再使用的。

李文在生了一场大病之后，就决定要好好锻炼身体。1年前，她与老公特意赶到一家健身俱乐部想了解一下健身年卡的办理费用。经过反复比较与讨价还价，他们俩最终以原价的75%购得两张健身卡，总共花费了7 500元。

接下来的日子真是充满乐趣，他们每到周末就会去结伴健身，然后一起回家，感觉真是好极了。可是坚持了不到3个月，两人的锻炼兴致就被疲劳所取代，谁都不愿意再去了。

其实李文夫妇去健身俱乐部总共不超过10次，如果按照单次价格100元/人计算，仅仅需要支付2 000元。可是他们却为这10次健身，总共花去了7 500元，几乎相当于两个人月工资的总和。

与李文夫妇的消费经历几乎如出一辙的张凯夫妇，几年前，从市郊搬到了市中心，每天没有地方散步锻炼了，两人经过左思右想之后，决定购买一台跑步机。自从有了这个想法，他们就开始狂逛体育用品商店。最后经过数次比较，他们买了一台14 000多元的跑步机。

虽说价格不菲，但是与市中心健身俱乐部的年卡相比，他们觉得还是挺划算的，因为毕竟这个属于一劳永逸的"长期投资"。刚买回健身器的时候，张凯夫妇经常抢跑步机，但是不到1个月，两人就不再抢了，他们的跑步兴趣荡然无存。现在，他们每天回家后都懒得看跑步机一眼。这不最近两人又迷上了打网球，每到周末两人就往网球场跑。

每个人都难免偶尔购回大量的闲置物；每家肯定都会有买来不久就因为没用而被丢弃的东西；而大部分时候都是买了东西之后，用过很短一段时间，就再也用不上了。

事实上这些都说明，购物者买回去的这些东西都不是他们真正需要的。那么多没用的东西之所以被买回家，主要是由于不良的购物习惯在作祟。而改变或控制这种坏习惯的最好办法，就是在买东西之前彻底想清楚自己是不是真的需要这个东西。

理财专家认为，如果想买的东西，先等3天，之后可能就变得没有兴趣。3个星期之后，可能就把它给忘了。再过个3个月后，新产品的出现使原先中意的东西变成了便宜货。结果，3年后原本再喜爱的家电也都变成垃圾，进了垃圾车。这样的话，节俭的目的就达到了。

所以，如果你手上有钱，不如立刻存到银行。存进后认为再提出来比较麻烦，便不会冲动地购买东西，因此能仔细考虑有无需要购买，并且能够多比较几家。即使要买，也要好好选择以后再做决定。

事实上，世上的任何东西，绝对无法保证"一定会价值攀升"，而是有时升值，有时贬值。不知不觉中，有时还会变成资产价值为零的情形。正因如此，许多人总会在购物之后后悔。

"当时如果不那么冲动买下来就好了。"许多人在搬家时，发现家中竟然有那么多无用的东西时，常常会说这句话。东西会随着时间而改变价值，最后变成垃圾。人死了之后，生前所有的东西不是留给子孙，就是变成垃圾让人给埋起来，甚至还会造成污染。

物质欲望再强的人，死后也没有办法把东西带进坟墓去。后人还会为处理遗物而大伤脑筋。倒不如留给他们银行的存折来得方便，更让他们高兴。再不然写个遗书，捐赠给慈善团体。

所以，女性朋友们再买东西时要问问自己："将来如要把这东西处理掉，它还会有多少价值呢？"这时，你就不会买一些不需要的东西了。买进的东西，如果要再卖出去，大概就只剩下一半的价值了。

人们有时面对餐厅的美酒佳肴，就会食欲大动。其实美食是糖尿病的主因，对于营养补给是没有好处的。事实上，只要营养均衡，即使吃的是粗茶淡饭，也能够延年益寿。当然，除了"冲动购物"之外，还有"冲动丢弃"。在丢弃东西之前，应该冷静地好好考虑一下。还能够继续穿的衣服，修理后尚可使用的家电等还是可以再利用的。

总之，当你花钱的时候，如果能有意识地让自己理智一些，把想买的东西等3天，而将想要丢弃的东西，多留1天。如此，就会发现有半数以上的物品是可以再使用的。

饮食中的节约艺术

"吃"是每人每天的重要大事，女人要想有健康的身体就必须注重饮食。如何吃得又健康又经济，是一门大学问。

每星期花点时间来规划要买的食物，购买前按类别及分量列出清单，这样才不会到了菜场后乱买，造成不必要的浪费。有些青菜或水果有季节性，时令的蔬菜水果便宜又新鲜，万一计划中要买的蔬菜或水果，并不是当季的东西，这时就可以选择替代的青菜或水果，没必要选择贵两三倍的东西。不同的市场有不同的菜价，早上的市场一般会比黄昏贵，而超级市场又比普通市场贵，最便宜的要属批发市场。虽然在批发市场买菜分量较多（现在也有很多批发市场可以少量购买），但可以和亲友一起购买后再分，只要搭配得当，不但仍然可以合理、健康地安排家人的饮食，而且1个月下来还可以省下不少开支。

正确的饮食观念也非常重要。每日三餐都要固定，既不要偏食，也不要暴饮暴食，应均衡摄取多方面的营养。

偶尔去餐馆换换口味，是女人的生活乐趣。但经常在外用餐，会引起经济上的困难，所以控制好餐馆支出是非常重要的。

与朋友相聚经常请客吃饭，既花费过多，又不能为自己创造经济效益。聚餐时养成各自付账的习惯，既可以节省不必要的开支，又可享受生活的乐趣。假日请朋友来家中小聚，也是较为愉快、经济的聚会方式。你可以请每家人各带一样小菜，这样做既能照顾到各人不同的口味，还能互相交流做菜的经验，令大家感到新鲜又有趣。

女人只要能掌握吃的艺术，不必花费太大也可以尽情享受饮食的乐趣。

聪明女人如何巧用信用卡

女人有天生的购物冲动，很多女性办理了信用卡之后常常会导致很多无谓的开销，信用卡的诞生和透支额度的不断增加，造就了一批又一批的"骨灰级"购物狂。其实只要能够更理性地消费，使用信用卡就可以帮助女性做好合理的消费规划，提高女性的信用卡理财能力，帮助她们早日走向财务自由。

很多银行针对女性的消费特点，推出了女性专属的信用卡，在卡功能上做出独特的设计，满足了女性的消费需求。如中国民生银行推出的女人花系列信用卡，包括欧珀莱联名信用卡、"品位"联名信用卡、思妍丽联名信用卡、昕薇联名信用卡等，在购物消费时可以享受到不少女性专用品牌的优惠、多倍积分等服务，女性可以利用这些信用卡为自己精打细算。

1. 利用信用卡记账

每个月银行寄给持卡人的信用卡账单，除了提醒持卡人还钱的金额之外，其实还详细记录了持卡人的消费账目，在何处购买了何样商品及服务，账单上面一目了然。女性可以利用信用卡账单进行记账，对照账单总结出1个月的总支出，并且一一核对检验。同时女性还需要对每月的消费做一个思考，看账单上的哪些支出是必须的，哪些消费属于典型的"冲动作祟"，应该避免。这样可以提前对下个月的消费数额和消费项目进行提前规划，减少不必要的开支。

2. 充分利用信用卡积分

有人说信用卡积分是鸡肋，很多女性持卡人并不重视。其实银行信用卡积分除了能够兑换礼品之外，各个银行为争夺客户资源和鼓励持卡人多刷卡消费，开拓了许多信用卡积分的使用范围或直接高额赠送礼品。如不少信用卡积分可以兑换成航空里程、加油卡等，民生银行曾推出刷卡399/999送伊利营养舒化奶的活动，在市场上刮起了一阵旋风。除此之外，银行也经常与商场联手进行"刷卡返现"的活动，相当于凭空多出一部分现金重复使用，创造双倍的价值。平时爱刷卡的女性，一定要注意多参加积分奖励和回馈活动，为日常生活精打细算。

3. 充分利用联名卡

信用卡联名卡不仅具备了普通信用卡的功能，还具有该联名企业的会员卡功能，持卡在这些商场、品牌消费，都能够享受到折扣和积分优惠等。如民生银行的欧珀莱联名信用卡、思妍丽联名信用卡等，都可以享受品牌优惠和多重好礼。女性可以根据自己的消费需求和习惯，办理相关银行的联名信用卡，信用卡和会员卡合二为一，可以带来更多的便利和实惠。

保证信用卡安全的基本做法有以下几种：

（1）努力记住密码，不要把它写下来。

（2）收到信用卡后尽快签上字。

（3）把信用卡号和紧急求助电话的号码记在一个安全的地方，这样卡一旦被盗就可以立刻挂失。

（4）永远不要告诉任何人你的密码，就连发卡公司和公安局的人也不要告诉。

（5）不要让别人拿到你的卡。

（6）保留所有的销售小票和ATM机提款收据。

（7）出现损失时立刻报告——多数诈骗都是在卡主报告之前的那段时间完成的。

（8）如果需要扔掉对账单或收据，记得把它们撕碎或烧掉，以免别人看到上面的具体信息。

（9）如果你知道发卡公司会通过邮局给你寄卡来，却一直没有收到，就要和发卡公司联系。

第四章 新时代"薪"女性，掌握六大黄金存折

女人的独立要靠财力支撑，会赚钱的女人，才能活出自己的美丽，才能按照自己的意愿自由生活，所以作为一个聪明的女人，一定要尽早培养自己的赚钱能力，关爱自己，为自己以后的人生早作打算，掌握六大黄金存折。

身价存折：美丽、金钱、快乐，我都要

相对于传统女性，现代女性可以大方地定义属于自己的幸福，真是一件美好的事。但不论你选择哪一种生活方式，要过得美满幸福，其实都少不了黄金、存折等做你的后盾。

从上到下，你的身价有多少

你问过自己，从上到下，你的"身价"有多少吗？

女人一定要过好生活！当一个人陷在金钱的迷雾里时，往往搞不清楚目前的经济状况如何。女人要过好生活，舍得宠爱自己，不一定是要像贵妇一般逛街、喝下午茶，或是随时夸耀自己的财富。

与其购买名牌衣物，不如投保名牌保险，起码可以让你自己安心。如果你总是不清楚自己的财务状况，或是在财务上没有独立自主的概念，你的生活很容易就会受到外在因素的影响，无法全力掌握自己的生活。

想要塑造属于自己的黄金人生，你就先要学会检视自己的身价。若只是随意地做出理财计划，或是只会赚钱，不会理财，就像每天不洗脸、不卸妆的人，却买了一堆彩妆眼影，到最后，脸上可能不仅没增添光彩，反倒长出了一大堆痘痘，破坏了自己原有的肤质。

检视自己的身价在哪里

想算出自己有多少财富身价，最简单的计算方法就是，找出属于自己的动产与不动产有多少。你可以问自己以下的问题：

· 我的存款有多少？

· 我的可用现金有多少？

· 我的收入（包括月薪、节假日奖金及业绩奖金等）有多少？

· 我的工作可以持续到多久？

· 我拥有多少有价证券（包括股票、基金、保单等）？

· 我所拥有的房地产现值多少？

· 我所拥有的车子现值多少？

· 我所拥有的有价物品（如珠宝、收藏品等）现值多少？（请勿将购买时昂贵、但现值为零的名牌商品计算进来）

· 我目前已经在做哪些理财规划？而这些计划以后每年可以为我赚取多少收入？

但是，你一定还要问自己：

· 我的信用卡负债有多少？

· 我的房贷有多少？

· 我其他的欠债还有多少？

总资产 - 总负债=你目前的身价

希望你看到自己答案的感觉，是一种欢天喜地的快感，而不是冷汗直流的紧张。有趣的是，女性朋友很少去思考这样的问题，而且通常都是在夫妻关系紧张或男女朋友分手、清点双方的剩余财产时，才开始发现自己的身价有多少！

为什么要计算自己的身价

因为这样你才能知道，"我离自己的梦想有多遥远？"你也才能知道，"我还要付出多少努力才能实现它？"

说不定梦想只有咫尺之远，只是你的专注力放错了方向。你只要拉回一点生活的重心，就能在梦想与责任之间找到平衡点；或许你的梦想定立得太遥不可及，了解自己的身价，换一种方向去思考，你会让自己过得更满足。

因为这样的省思，你甚至可以计算出：

· 如果我失业，我可以撑多久？

· 如果我感情失败，我可以不赚钱"任性"多久？

· 我可以用多少钱培养自己的兴趣？

· 如果我在一段感情中，扮演经济支出的主要角色，我可以养这段感情多久？

· 如果我想放下一切，到异国重新开始，我会有多少生活费？

· 我可以不靠孩子的爸爸，独力抚养孩子到几岁？

· 如果我生病了，我可以请人照顾自己到多久？

· 我可以留下什么给我最亲爱的人？

· 我的年度计划是什么？

如果你随时都会检视你的身价，同时亲手画一张梦的蓝图，每隔一段时间你就问问自己："我的计划实现了多少？"那么你不但可以善用理财创造幸福，而且会有更多的本钱来打造自己的黄金人生。

实力存折：实力就是金钱

女人拿什么来立足于这个日新月异的时代？美貌？家世？还是交际手腕？这些都是女人实力的一种表现，但可惜的是，它们的保鲜期太短。女人的幸福资本是"知本"。

女人一定要有一技之长

作为一个女人，亲爱的你想过吗，当我们一无所有，又没有一技之长的时候，我们如何在这个世上生存？

有人说："女人要有一技之长，这样当男人不要你时，你还有所支撑。"

也有人说，一个女人，你可以不漂亮，但是一定要心地善良；你可以没有太多的学问，但要知道孝顺老人，照顾孩子；你也可以没有太多工资，但是要知道理财。尽管成为一个完美的女人真的不是一件容易的事情，但如果我们能够尽量让自己做得完美，那就是一种最完美的状态了。而努力学习，让自己拥有一技之长，哪怕这一技再小，也能够为你的生活起到帮助作用，万一哪天你的生活窘困了，这偶然间学得的一技之长也许就能够助你一臂之力。

有的女人，会织一手漂亮的毛衣；有的女人，会拍很多漂亮的照片；还有的女人，会用细腻的笔触来记录自己的每一个成长过程；有的女人很会装扮、化妆不错；也有的女人，懂得时尚，懂得潮流；有的女人，有一手很好的厨艺，做出的饭菜总是让人赞不绝口；更有的女人，是电脑高手，会制作网页、会管理网站；还有些能干的女人，懂得做生意，能够开网店，有滋有味地赚钱过日子……这些女人都是美丽的，至少她们都能够有一样让自己自豪的手艺，有一样可以点缀平淡日子的花朵。更重要的是，这些小小的技术，可以让这些女人拥有自信，她们对待未来是坦然的，她们知道自己的未来不是梦。

可是，考虑一下我们自己，我们会什么呢？

"大学读的专业在社会上几乎没有对口的工作，本来是家里想托关系进一个单位的，后来黄了，没有进去。读书时也是浑浑噩噩地玩。现在年纪越来越大，真的好害怕将来被社会淘汰，我这几年也没有什么稳定的工作，都是做一些很没有技术含量的工作，如文员、销售之类的，吃青春饭而已。有和我情况一样的姐妹吗？或者请大家出出主意，我该学点什么技能好呢？实用的技能？"

"想想，快奔三了！过年回家看着父母发愁的脸，都不好意思再像以前那么轻松地说：还在找呢。如今年纪一大把，工作呢又是这样半死不活地吊着，没有一技之长足以养活自己，在公司里低眉顺目地干着打杂的活，看着公司出入的年轻美眉都汗颜。昨日又被老大无故训斥，真想很豪气地摔门走人，可想想这一日三餐，还是忍着眼泪，偷偷地在厕所里哭。唉，奔三的人了，竟然变成一种尴尬，从没想到过会如此窝囊地活着。跳槽没了底气。也许这世上最悲哀的也莫过于我们这些离家千里的单身女性，一朝没了工作，得为三餐、房租发愁啊！出路，出路在哪里呢？看着朋友意气风发地做生意，摸摸自己的榆木脑袋，根本没那天性。换工作吧，能好到哪去，同样是打杂，想学个一技之长生存吧，好像办公室坐惯了，除了会使用电脑不知道还能干些别的什么，糊涂迷茫啊……"

看看这些发自女人内心的声音！除了震惊、同情，还有什么？还有引以为鉴！我们不应该做这样的女人，我们应该做至少有一技之长的女人.

在成都的西面有一所居室，设置典雅，每逢周三、周四、周六，会有四面八方的人汇集于此。吸引他们的，是博大精深的中华传统花艺，还有来自台湾的花艺教授、浣花草堂的创办者曹瑞芸。"一花一世界，一叶一乾坤"，如果没有亲眼见识曹瑞芸老师的花艺课程和作品，可能很难领略这句话里所体现的意境。通过她的一双巧手，花枝、树皮，甚至蔬菜，那些看似单薄、独立的植物经过神奇的组合，突然有了生命和意义。

本来，她到成都并不是专门为了花艺，而是为了当孩子的陪读。结果，孩子到学校上课后，平日无聊的她便学起了花艺，没想到她做出的花艺摆设在成都大受欢迎，很多女人都争相报名想要学习她的花艺。

慢慢地，学生的规模越来越大，客厅坐不下了。曹瑞芸索性在芳邻路买了栋房子，办起了专业的花艺培训班，即现在的浣花草堂。1 000多元的学费在成都还是很有市场，曹瑞芸的学生从企业老总、花店老板到普通白领、建筑师、职业妇女……授课的地点也从成都逐步扩展到北京、深圳、重庆等地，几年下来学生已近千人。她将自己的花艺技术变成了让自己致富的途径！

李敏敏，今年30岁，她是一位外资公司的秘书，平时的工作就是帮主管处理大小文件，但是下班后的她，过得很精彩。她原本因为兴趣而去研读意大利语，却因为越学越有兴趣，从听得懂意大利语到能看懂意大利电影，最后干脆到意大利旅行度假，与当地人对话。她后来经由意大利人推荐，协助品牌服饰在欧洲的采购工作，经常往返于意大利与亚洲各国，从第二专长中化兴趣为工作，她的人生可说是高潮迭起。找出自己的一技之长及培养第二专长，不但能够让自己的兴趣得到发挥，更可以增强自己的工作实力。

也许你目前还是在为自己的未来担忧，总是缺乏很强的安全感。这里给所有的女人提供一条最中肯的建议：不要指望别人给你安全感，你的安全感永远只能来自你自己。你必须要学会一技之长，有了一技之长，你就等于成竹在胸，不管世界如何变，聪明的你总会险处逢生。

年龄要增长，实力更要增长

王女士大学毕业后，就进入了一所高中教学。在这个岗位上，她一干就是二十几年，获得了很多的荣誉称号。可以说，作为一名教师所有的荣誉，她早已拥有了。

可是，年近50岁的她，最近又拜正在上大学的儿子为师，学起电脑来了。

王女士的老同事肖老师劝她："老王，都几十岁的人了，眼睛也不顶用了，手打字也不像年轻人那样灵活，干嘛还给自己找罪受去学电脑呢？"

王老师却反过来劝肖老师："老肖，你也应该学学，这东西很管用呢。前几天，我儿子教我做了一个flash课件，比起我们以前的板书方便多了。"

肖老师笑着说："得了，我才不想受这份罪呢。"

不久，学校响应信息化教学改革，举办了一场别开生面的"flash课件大比拼"，出乎所有老师的意外，夺得冠军的居然是年过半百的王老师。

在以后的日子里，许多在电子时代成长起来的年轻老师，遇到制作电子课件的问题，也要过来虚心地请教王老师。

王老师经常跟她那些老同事说："学电脑什么时候都不晚，即使不用它来做电子课件，也可以跟年轻人在网上聊聊天嘛！"很多学生都非常喜欢王老师。因为无论从思想到心态，还是外表打扮，王老师处处都洋溢着亮丽的色彩，大家都愿意跟她聊天。

很多女孩在年幼的时候，人们就不停地告诉她们——"花无百日红"，女人的美是短暂的，所以一定要在最美的时刻找个好男人把自己嫁掉。其实她们不明白，女人，最重要的财富并非她的年龄，而是她的实力。只要她的实力随着她的年龄一同增长，她的魅力非但不会贬值，反而会不断增值。

一个女人要成为快乐的女人、幸福的女人，就必须懂得使自己成为一个可持续发展的女人，成为一个有实力的女人。女人因实力而美丽，因实力而快乐。我们可以活到很老，但依然很有魅力；我们可以接受皱纹，但必须每一根皱纹都与魅力有关。

女性可以以下方面着手增强自己的实力：

（1）多学习知识，时代的发展给女性以更多的机会，要抓住一切机会去学习，让自己变得充实，赢取属于女人自己的那份成功。

（2）找出自己的一技之长。女性在工作之余，可以找出自己的一技之长并培养第二专长。譬如有的女性喜欢芳疗，便可以进修一下这方面的课程，不仅可以为自己做芳疗按摩，甚至还可以做一位专业的芳疗讲师；还有的女性喜欢第二语言，如日语、意大利语等，做做这方面的翻译工作或需要用这些语言打交道的采购等工作。总之，找出自己的一技之长以及培养第二专长，不但能够让自己的兴趣得到发挥，更可以增强自己的工作实力。

女人要有爱读书的好习惯

作家林清玄在《生命的化妆》一文中说到女人化妆有三个层次：第一层是涂脂抹粉，表面上的功夫；第二层的化妆是改变体质，让一个人改变生活方式、保证睡眠充足、注意运动和营养，这样她的皮肤会得以改善、精神充足；第三层的化妆是改变气质，多读书、多欣赏艺术、多思考、对生活乐观、心地善良，因为独特的气质与修养才是女人永远美丽的根本所在。

对于阅读可以丰富一个人的内涵、改变一个人气质的功效，我们一般都不会怀疑，问题是，对于一个已被家庭和事业占据了大部分精力的成熟女性来说，阅读应当从何处开始呢？

首先，我们应该摒弃那种读了一本怎样的书，就能如何如何的说法。从书籍中汲取营养，是一个潜移默化的过程，有些书籍可能给你一种提示、一种方向，要取得真正的进步，还是要靠自己的继续修炼。其次，也没必要迫于当时的潮流去读一些晦涩的或者自己不喜欢的书，与其囫囵吞枣，不如找些对胃口的东西吃。

书籍并没有性别，文学、历史、哲学、戏剧、政治，男人可以看，女人也可以看，不过，对于读什么书，男女的喜好还是有一些不同的，女人天生就有着和男人不同的阅读兴趣。男人爱读强者成功史、历史、军事、营销，很多女人却更偏好美容手册、瘦身宝典、菜谱等生活类的图书，或是其他一些文学作品。

女人们天生感性，不爱读晦涩难懂的哲理书、残酷的军事书、枯燥的营销书，也是情有可原。其实只文学一类，读通了，也大有天地。只要细心去体味，文学之中也不乏人生哲理、征战攻伐。文学是一个窗口，女人可以通过它以审美的眼光来看待生活。

无论中外，文学作品的好处在于能使人有感同身受的经历，每一本书，每一个故事，都是一首感人肺腑、荡气回肠的歌。对于女人来说，心灵的丰富需要人生的经历，可是现代生活却不能给她太多经历的机会。因此，阅读，特别是读那倾情演绎人世悲欢的文学名著，在最短的时间里，跟随书中的人物走完一生。别人的故事，能够帮助我们领悟人生、丰富情感。

女人读书，不仅要读名著、读画册、读随笔，还有一种广义的书，也是需要你花时间的，可以把它们都叫作"阅读品"。比如，你要看报纸，了解时事；你要浏览专业杂志以便更出色地工作；你要定期购买文化类、生活类的期刊，让自己紧跟时尚、解读潮流；你需要音乐的灵魂来安抚你的内心，你的耳朵也需要"阅读"；你要关心新上映的电影，不忘给自己的视觉和听觉来一点享受；你还要带着灵敏的鼻子到网上冲浪，去捡拾那些晶莹的浪花，让自己永不枯竭……

魅力女人是充满书卷气息的，有一种渗透到日常生活中不经意的品位，有一种无需修饰的清丽、超然与内涵混合在一起，像水一样柔软，像风一样迷人。

书中自有黄金屋，无事翻翻经济书

女性朋友们，想靠投资赚钱吗？那就先学学最基本的经济学方面的知识吧。

假设你的积蓄有700万元，这时，你最想做什么呢？"有这些钱的话先去买一间房子，还有多余的钱就投资一点股票，好好孝敬一下父母，然后再把钱存到银行里。"估计像这样想的人有很多很多。

如果你也是这样想的，接下来要考虑的是，应该在哪里买房子？买多大的面积？买什么样的房子？万一买房子要贷款的话，银行利息是多少？制订什么样的还款计划？万一几年内银行利息上涨的话，又该怎么解决？

当然了，天上没有掉馅饼的好事，就算是偶然遇到了，不知该怎么花的人也有很多。也许你会为了赚更多的钱，反而让手上的钱飞走了。事实上，大部分中了彩票的人在过了不久后，又重新回到穷光蛋的生活。

所以，不要抱怨你现在贫穷或不够有钱的状态，你目前的状态是有理由的，理由也许在别处，但更在你自己身上。闲下来没事做的时候，为什么要抱着电视看到眼睛发酸，都不肯拿起经济学的书品读一下？逛街逛到脚磨起泡的时候，为什么都不愿意看一看书里介绍的投资大师的技巧？看电视消耗掉的是你有限的青春，而看书却能够让你学到赚取财富的办法。

一位女性朋友曾经对理财和投资一窍不通，但是她有个很好的习惯，就是读书。她曾经把《富爸爸穷爸爸》等投资理财的书看了很多遍，当她觉得自己明白了经济与投资的常识之后，就拿出自己的储蓄开始尝试按照书中的方式进行投资。结果她发现，自己通过之前的阅读对投资已经培养出了一定的敏感度，并且知道如何规避风险，几年下来，她的财产翻了一番。现在，她除了坚持投资以外，还在努力阅读更多好的财经读物，让自己不断提高。

相反，如果没有足够的经济学知识，没有很好的理财规划，即使你一时有钱了，过不了多久，还是会恢复原状。有这样一则新闻：

某年轻人中了500万元的彩票，他拿出100万元分给了自己的父母兄弟姐妹，拿400万元自己做投资。但是他之前对理财根本一窍不通。结果，2年之后，400万元全部在他手中消失，还欠下了几万元的债，他身体也垮了，没钱回家，最终还是被亲戚接回家里。

你无需嘲笑这个人，其实，如果你也总是沉溺于虚假的肥皂剧的幻想中，不愿意看看经济学的书，不愿意学学理财的知识，那么即使你也有他的好运中到头彩，也同样会难以把握住突然到自己手中的钱。

所以，我们应该明白一个道理，改变命运的密码，其实就藏在书中。我们现在最缺的，就是从书中找寻这把钥匙的勇气和毅力。而敢于一头扎进书里认真学习经济学知识和理财知识的人，都会有所收获。

聪明的女人在遭受经济危机后，立马能够意识到自己潜在的危机，于是便开始补足自己的薄弱处，捡起了对自己来说生涩难懂的经济学图书。别的女人可能正在为暂时安逸的生活享受时，她却提前看到了自己未来的生存危机，将自己的经历挪到了充电的环节上。我们不想说"功夫不负有心人"这样的话，因为这种话每个人都明白它的意思，每个人也都听过无数遍，但是，很多女人听多了也就不当一回事了，根本不愿意克服自己的惰性来弥补一下自己在经济、理财等方面的知识欠缺，因而总是日复一日地处于一个抱怨、哀求、穷苦的生活状态中。

我们要做个聪明的、独立的、坚持的、有主见的女人。在投资理财时，如果没有最基本的经济学方面的知识所铺垫，我们如何进行？恐怕就只能随大流了，可是你要知道，随大流永远赚不到大钱，但却很有可能赔大钱……有了基本理财知识的女人，可以按照自己的主见做出决定，即使亏了，也是一种经验的累积，而不是一种后悔。所以，当我们还沉浸在韩剧、日剧中不能自拔时，当我们在家里无聊得只想睡觉时，不妨在家里贴一张纸提醒一下自己，该看看经济学方面的书了，看书就是挣钱！何乐而不为？

收看电视网络里的投资信息

要进行正确合理的投资，女性朋友们必须先把经济运行的规律和现状弄清楚：最近金融市场上新出来的商品是什么？这些商品有什么特别的优势？什么样的公司运作情况较好，股票能上涨？什么样的企业正在兴起？

这些都要弄清楚，才能靠投资赚到钱。可是，怎样捕捉这些最新的信息呢？对，就是新闻。养成通过电视和网络等途径来了解最新的市场信息、投资信息的习惯。投资机遇往往是瞬间即逝的，如果你把时间花在了肥皂剧的无聊情节上，也就注定与赚钱无关了。

为了熟悉经济知识，最有效的方法就是每天看新闻。把看电视剧的时间节省下来看电视新闻、看财经类节目，可能你会觉得这件事太简单了，但坚持起来却并不容易。

当然了，在这个网络时代，我们除了通过电视了解信息之外，上网时也别只顾着聊天或看娱乐八卦，可以看看网上的新闻和财经信息。这可比买报纸划算多了。网上看新闻不用收费，而且还可以每时每刻都得到最新的情报，还能了解到别人是如何投资的，互相交流。你可不要小瞧了这每天一点时间的小功课，如果你有了足够的经济知识，有了足够敏感的财经神经，也许就是稍微不经意的一个小瞥，就让你发现了一个赚钱的大机会呢！

信息的价值到底有多大呢？我们来看个成功者的例子就会明白：

1875年初春的一个上午，亚默尔肉类加工公司的老板亚默尔仍然和平时一样细心地翻阅报纸，一条不显眼的不过百字的消息把他的眼睛牢牢地吸引住了：墨西哥疑有瘟疫。亚默尔顿时眼睛一亮：如果墨西哥发生了瘟疫，就会很快传到加州、德州，而加州和德州的畜牧业是北美肉类的主要供应基地，一旦这里发生瘟疫，全国的肉类供应就会立即紧张起来，肉价肯定也会飞涨。他立即派人到墨西哥去实地调查。几天后，调查人员回电报，证实了这一消息的准确性。亚默尔放下电报，立即开始集中大量资金收购加州和德州的肉牛和生猪，运到离加州和德州较远的东部饲养。两三个星期后，瘟疫就从墨西哥传染到联邦西部的几个州。联邦政府立即下令严禁从这几个州往外运食品，北美市场一下子肉类奇缺、价格暴涨。亚默尔便及时把囤积在东部的肉牛和生猪高价出售。短短的3个月时间，他净赚了900万美元（相当于今天1亿多美元）。我们不能不说，对于善用信息的人来说，信息真的是无价之宝。

亚默尔善于运用信息，也切切实实地从信息中收获到了巨大的利润，所以，感受到信息重要性的亚默尔为了得到更多的信息，就投入了更大的资本。为了更有效地获取信息，也为了避免他个人的力量无法兼顾到所有的信息，他还成立了一个小组，专门负责收集相关的信息。

这些信息收集人员的文化水平都很高，长期经营公司的相关行业，富有管理经验，懂得信息中哪些是有用的，哪些是无用的。他们每天都搜集世界上的几十份主要报纸，并对其中重要的相关信息进行分类，再对这些信息做出相应的评价，而这些已经集聚了全世界信息精华的信息，最后会被送到亚默尔手中，再由他去选择出可以为公司带来财富的信息并加以利用。这样，亚默尔在生意经营中由于信息准确而屡屡成功。

从亚默尔的例子中，可以知道，如果我们能够抓住对我们有用的信息，并加以利用就可以为我们创造无尽的财富。

不过，亚默尔的年代，电视才刚刚诞生，网络还未出世，所以他只能通过报纸来搜集他的投资信息。而如今的我们，掌握着电视、报纸、广播、杂志、网络等多元化的信息途径，却把时间浪费在看无聊的肥皂剧上。如果你想通过信息赚钱却又不知道珍惜信息、搜索信息、发现机会，那你实在是浪费了21世纪的优越条件了。

也许有人说，女人天生对经济、数字不感兴趣，看那些无聊的信息没什么意思，枯燥透顶。那是因为你没有尝到甜头！为何不给出半年或1年的时间让自己试试呢？尝试着多看电视新闻、多浏览网络新闻，尤其是财经信息，并补充一下经济学方面的知识空缺，你一定会有所收获的。

人脉存折：人脉就是财脉

21世纪的女性，比以往任何时代的女性都充满自信、勇敢。她们敢于选择自己想要的生活，有新型的价值观念、道德观念和处世方式。也许沉默是金子，但口才却是钻石。

女人可以不漂亮，但是一定要会说话

无论你天资多么聪颖，接受过多么高深的教育，长得多么漂亮，假如你无法恰当得体地表达自己的思想，你仍旧可能会一败涂地。而要想让别人喜欢你、承认你，就必须培养自己的口才能力，只有这样才能打开你与他人之间沟通的大门，彼此的心灵才能碰撞产生共鸣。

谈话中沟通的效果取决于语言的魅力，这种魅力也表达着谈话者的人格魅力。语言魅力不仅需要丰富的知识系统，还需要言辞表达的技巧。可以说，语言的魅力是知识、形体语言、言辞表达技巧有机的统一。通过语言的魅力，你能够向对方传递一种感染力、吸引力，使对方感到你能够把握整个时间，这种"力"的作用促使对方的思维自觉或不自觉地和你的语言融汇在一起。

是否能说，是否会说，以及与言谈相关的知识能力的多寡，影响着一个女人的成败。

每个女人说话的效果都会千差万别。为什么会这样呢？原因在于说话的方法、说话能力的差异，也就是我们所说的说话水平的高低。

生活中常有生死荣辱系于一言之说。试看会说话的女人，纵然口若悬河，滔滔不绝，听者也不以为苦；纵然只言片语，一字千金，也能绕梁三日。语言是种神奇的东西，一句话说得好，可以说得人笑；一句话说得不好，可以说得人跳。一句话可以化友为敌，引发一场争论甚至导致一场战争；一句话也可能化敌为友，冰释前嫌。可见，在现代交际中，是否能说、是否会说以及与言谈交际相关的知识能力的多寡，实在影响着一个女人的成功和失败。

在一场"香港小姐"决赛中，竞争进入了白热化阶段。现场主持最后问入围的杨小姐："假如要你在下面两个人中选择一个作为你的终身伴侣，你会选谁？一个是肖邦，另一个是希特勒。"杨小姐想，回答肖邦，便会落入俗套；选择希特勒，难免挨人骂。沉吟片刻，她干脆地回答："我会选择希特勒。"在主持人的追问下，她巧妙地解释说："我希望自己能够感化希特勒。如果我嫁给他，也许第二次世界大战就不会发生，也不会死那么多人了。"

这种"柳暗花明"式的回答，不但使自己摆脱了困境，而且暗示了自己的不同凡响。果然，杨小姐妙语一出，台下掌声雷动。

女人成功的秘诀非常多，而口才是最重要的因素之一。事业的成功与失败，往往决定于某一次谈话。在富兰克林的自传中，有这样一段话："说话和事业的发展有很大的关系，你出言不慎，将不可能获得别人的合作，别人的帮助。"这是千真万确的，所以，你想获得事业的成功，必须具有良好的口才。

在今天这样的文明信息时代，探讨学问、接洽事务、交际应酬、传递情感等都离不开口才。要想成为一个受欢迎的女人，得会说话、有口才。谈吐是思想的衣裳，在粗劣或优美的措辞中，展现不同的品格，在不知不觉、有意无意间为别人描绘自己的轮廓和画像。

自称"小女子"的前国务院副总理吴仪，真诚坦率，自信优雅，凭着过人的智慧和犀利的口才，被誉为"魅力天成的铁娘子"。

1988年年初，时任北京燕山石化公司党委书记的吴仪被提名为北京市副市长候选人。那是一次差额选举，要求候选人与选民公开见面，并进行竞选演说。吴仪匆匆赶到现场，来不及换掉身上的工作服就走上了讲台。随后，她一番干脆利落的真心表态迅速打动了无数的群众："如果我当选，我将像鲁迅先生所说的那样：'俯首甘为孺子牛'；如果选不上，我将回到哺育我成长20年的燕化那块土地上，由60年代的拓荒牛，成为80年代开拓奋进的牛，为北京市的建设，作出燕化人应有的贡献。"

这里，吴仪借引鲁迅的名句来表达自己埋头苦干的决心。在民众面前，吴仪不耍"花腔"，不唱高调，敢说真心话，给人留下了深刻的印象。

成功的女人正是依靠出众的口才而被朋友尊敬、被社会认同、被上司青睐和被下属拥戴的。她们共有的特质表现为：能就众人熟知的事物提出独到的观点；有广阔的视野，谈论的题材超越自身生活的范畴；充满热情，使人对其所提出的话题感到兴趣盎然；有自己的说话风格……

口才其实是一个女人的知识、气质、性格乃至思想观念的综合方面的反映。而这些特质，是可以通过后天的训练得来的。只要肯下工夫练习，每个女人都可以成为口才大师、说话高手。一个女人必须不断地加强自身的修养，同时拓展眼界和知识，才能进一步使口才成为事业腾飞的羽翼。

在社会中生存是需要沟通、交流的，人与人之间交流思想，沟通感情最直接、最方便的途径就是语言。通过出色的语言表达，既可以使相互熟识的人之间情更浓、爱更深；也可以使陌生的人产生好感，更可以使仇恨彼此的人化干戈为玉帛，友好相处。

如果说沉默是金，那么出众的口才则是使你在人群中闪耀的钻石。

幽默不影响气质，反而会提升人气

男人说：爱一个女人，有很多理由，但有一个，就是她的聪明，解人意，解风情，还懂得勇敢地自嘲，没有比一个懂得幽默的女子更加性感的了，这是现代特立独行、独立自主的女子的代表。

男人还说：有幽默感，这句话可以认为是对女人极高的赞赏，因为不仅表示了受赞美者的随和、可亲，能为严肃凝滞的气氛带来活力，更显示了受赞者高度的智慧、自信与适应环境的能力。

一个女人，才华出众，气质高雅，美貌过人，聪明可爱，那就不能不幽默。没有幽默感的女人，就像鲜花没有香味，形似而神无，可惜了外表，看上去，总感觉差了一口气。幽默是什么，是智慧的提炼，是才华的结晶，明明是同样一个意思，经过她的嘴，吐出来的就如珍珠般有光泽，让听者无法释怀，常会暗暗地思索；怎么话经人家的口这么一演绎，听起来就这么入心入肺，又让你开怀，简简单单的道理，原来可以用另一种方式去表达。

一方面，幽默是真正的生活智慧，是经过生活的历练仍然保持一份达观、自信、绝不轻言放弃的生活态度，是绝不妄自菲薄的骨子里的风情，也是经过大富大贵仍能保持平和自我的心态，再大的事，经她的口轻轻一说，就云淡风轻了。另一方面，女性的魅力，就在这一来一往的言辞中变得清晰起来，有了生动的韵味，这样的女人，散发着女性真正的魅力。幽默的女人有一种豁达的态度，她很难因为困难而畏缩，因为通透，所以乐观，原来生活只是那个样子的，你为难也好，困苦也罢，其实都是可以一笑了之，所有的问题都在笑谈中灰飞烟灭，和她的交往就变得更加轻松自如，让朋友总是笑声不断。

即使是有着相同的经历，即使都是出类拔萃、聪明过人，不同年龄的女性，也会有不同的时代烙印。人生经历迥异，有幽默感的人，懂得自己需要的生活，懂得从生活中提炼出生存的智慧，锦心绣口，带着激情而现实的生活态度，快乐地享受着自己的人生。幽默不是低级无聊，幽默有尺度，不能最后演变成一场谁也不喜欢的闹剧，只要不过分，没有什么不可以的。

在公共社交场合，恰当的幽默犹如金苹果落在银盘子中，会使你魅力倍增。说话带些风趣和幽默更能体现出一位三十几岁女人的修养和礼仪，显示出其人格魅力和智慧。

有一位叫海棠的女孩，虽然没有出众的容貌和迷人的身材，但为人性情开朗、正直、幽默，许多人一旦和她交往几次，就被她的幽默所吸引，不知不觉地感受到她的魅力。有一次，海棠参加同学生日聚会，和同学们回忆着大学时代的美好生活。不料主人在招呼客人时，一不小心将一盆水打翻，全洒在了海棠的身上，把她那身新衣服都泼湿了。主人不知所措，显得十分尴尬。海棠淡然地、从容镇定地说："一般的正常情况是聚会结束才能换衣服，阿姨，您成全了我，呵呵。"一句话，使满屋的人都笑了起来，难堪的气氛也一扫而光，大家对海棠都投来赞许的眼光。

幽默也体现出一个人的气量大小。越是豁达、自信的人，越是富有幽默感；越是自卑、自闭的人，越难以容忍幽默的存在。幽默感是健全人格的重要条件。幽默像是击石产生的火花，是瞬间的灵思，所以必须有高度的反应与机智，才能发出幽默的语句，那语言才可能化解尴尬的场面，也可能于谈话间有警世的作用，更可能作为不露骨的自卫与反击。幽默并不是讽刺，它或许带有温和的嘲讽，却不刺伤人；它可以是以别人，也可以用自己为对象，而在这当中，便显示了幽默与被幽默的胸襟与自信。所有的人都会年华逝去，红颜不再，但岁月只能风干肌肤，而睿智和幽默的魅力却不会减去分毫。幽默的魅力，仿若空谷幽兰，你看不到它盛开的样子，却能闻到它清新淡雅的香味；幽默的魅力，又如美人垂帘，人不能目睹美人之芳华，却能听到美人的声音，间或环佩叮咚，更引人无限遐思……幽默是一种心境，一种状态，一种与万物和谐的"道"。幽默的语言来自纯洁、真诚和宽容海涵般的心灵，是生命之中的波光艳影，是人生智慧之源上绽放的最美丽的花朵，使人们能够从你那里享受到的心灵阳光。幽默之魅力，如英国谚语所云：与人玫瑰，手有余香。

一个女人，如果她很温柔，很妩媚，但同时也很幽默的话，一定到哪里都是众人的明星。令与她相处的人总感到愉快，这样的女人无疑是非常有吸引力的，不仅吸引异性，同性对她亦很感冒。可以说，幽默为女人的魅力起到了锦上添花的作用。

幽默是笑的伙伴，会幽默的女人，走到哪里就会把笑声带到哪里。能给人带去笑声的女人，自然是十分受欢迎的女人，自然也是办事最容易成功的女人。那么，我们怎样才能学会说幽默而风趣的话呢？

有个女议员发表演讲，在大家都侧耳倾听时，突然座中有一个听众的椅子腿折断了，这个听众顺势就跌落在地面。此时，听众的注意力马上就分散了，女议员见状急中生智，紧接着椅子腿的折断声大声说道："诸位，现在都相信我所说的理由足以压倒一切异议声了吧？"话音一落，底下立即响起了一阵笑声，随后，就是热烈的掌声。

幽默是人类独有的特质，是智慧的体现。因为它可以化解许多人际间的冲突或尴尬的情境，能使人的怒气化为豁达，亦可带给别人快乐，因此，具有幽默感的女人无论到何处都会受到欢迎，从而人气大增。

唯有听得最真切，才能说得最准确

生活中，最有魅力的女人一定是一个倾听者，而不是滔滔不绝、喋喋不休的人。唯有听得真切，才能掌握对方的心理，说得准确，打动对方。

古时候有一个国王，想考考他的大臣，就让人打造了三个一模一样的小金人让大臣分辨哪个最有价值。最后，一位老臣用一根稻草试出了三个小金人的价值，他把稻草依次插入三个小金人的耳朵，第一个小金人稻草从另一边耳朵里出来，第二个小金人稻草从嘴里出来，只有第三个小金人，稻草放进耳朵后，什么响动也没有，于是老臣认定第三个小金人最有价值。

同样的三个小金人却存在着不同的价值，第三个小金人之所以被认为最有价值也在于其能倾听。其实，人也同样，最有价值的人，不一定是最能说会道的人。善于倾听，消化在心，这才是一个有价值的人应具有的最基本的素质。

倾听是对别人最好的尊敬。专心地听别人讲话，是你所能给予别人的最有效、也是最好的赞美。不管说话者是上司、下属、亲人或者朋友等，倾听的功效都是同样的。人们总是更关注自己的问题和兴趣，如果有人愿意听你谈论自己，你也会马上有一种被重视的感觉。

在小说《傲慢与偏见》中，丽萃在一次茶会上专注地听着一位刚刚从非洲旅行回来的男士讲非洲的所见所闻，几乎没有说什么话，但分手时那位绅士却对别人说，丽萃是个多么擅言谈的姑娘啊！

看，这就是倾听别人说话的效果。它能让你更快地交到朋友，赢得别人的喜欢。当然，倾听不仅仅是保持沉默，用耳朵听听而已。

如果我们只用眼睛或耳朵来接收文字，而不用心去洞察发现对方的心意，就没有实现读或听所希望达到的目的，结果只是浪费时间，并不能达到有效沟通的目的。

真正的倾听，是要用心、用眼睛、用耳朵去听。女人不但要学会用耳朵倾听，还要学会用心去倾听。

著名心理学家John P.Dickinson说："好的倾听者，用耳听内容，更用心'听'情感。"没错，正确的倾听态度是达到最佳倾听效果的前提。

在管理领域，作为一个优秀的领导者，应该先是一位出色的倾听者，善于倾听，才有人乐于向你倾诉。试想，一位不善于倾听的领导，下属刚一开口，就被一句话给顶了回来，或是听也听了，就是不起作用，甚至给予批评和指责。没有引导鼓励的话语，没有好的思路的指引，没有好的建议，久而久之，有哪个人会没事找事，找领导倾诉呢？下属有话也都闷在肚里。领导不了解下属，怎能领导部下，又怎能做好工作？可见，学会倾听，善于倾听，对领导何等重要。

如果你是个领导，要善于倾听，为下属"解惑"，把握下属心态。要关心下属，有同理心，要站在下属的角度想问题，不能以自我为中心，不妄加评论，无视别人的心情。领导就要影响别人的行为，善于倾听，真心真意去了解别人的困惑，并帮助其解决。这样会使下属更轻松、更出色地完成工作，使下属对你尊重、敬佩和信任，使你带领的团队更具向心力，使你和你所带领的团队共同从优秀走向卓越！

在生活中也需要学会倾听。在人与人的交往中，倾诉是表达自己，倾听是了解别人，达到心灵共鸣。在人与人的沟通中，除了倾诉，我们还应该学会倾听。当一个人高兴的时候，我们要学会倾听，倾听快乐的理由，分享快乐的心情；当一个人悲伤的时候，我们要学会倾听，倾听痛苦的缘由，失意的原因，理解倾诉者内心的苦处，表示出怜悯同情之心，淡化悲伤，化解痛苦。当一个人处于工作矛盾、家庭矛盾和邻里矛盾时，我们要学会倾听，倾听矛盾的症结，帮助其分析，为其分忧解难……

倾听具有广泛性，快乐的时候、痛苦的时候、幸福的时候，都需要倾听。学会倾听，能修身养性，陶冶性情；学会倾听，能博采众长，使人开拓思维，萌发灵感；学会倾听，能养成尊重他人的习惯，缓解矛盾，创造一个和谐的人际关系。学会倾听，是一种爱心，是关怀，是体贴，必将为我们赢得亲情、爱情和友情。

学会倾听就是学会一种美德、一种修养、一种气度。我们不能无休止地吵闹，无休止地争执；不能永远自以为是地"听我讲"，要坚持"听大家说"。这不仅是对讲话者自我尊严的维护，也是对听者的尊重。

"造物主"给了我们两只耳朵，而只有一张嘴，就是让我们多听少说。学会倾听，实际上就已经走在了前进的道路之上。

寒暄与赞美，让你在复杂的人际中自由穿梭

与人交谈的话题对能否给别人留下好的印象是非常重要的，如果你初次遇到一个女人，她只是和你聊一些你不感兴趣的无聊话题，你会喜欢她吗？

"与人寒暄最好的方法是以对方作为话题，如服装、发式、化妆等，尤其是初次见面的人都很想知道别人对自己有何观感。"这是一位在社会上工作十几年的女士的切身体会。比如，一位女子见到你就对你说："你在哪里烫的头发？真漂亮，这个颜色非常适合你的皮肤和脸型。"你一定会对她心存好感。

是的，会说话的女人说出来的话总是能让人高兴地接受，听着心里也舒坦。比如，两个女人说同样一件事，其中一个说："她皮肤很白，但是长得太胖了。"另一个则说："她很胖，但是皮肤很白。"假如这两句话是说你的，你更喜欢哪一种说法呢？

由此可知，只要稍微改变一下说法，即可产生完全不同的效果。例如，两位女子坐在那里喝咖啡，这时凑巧进来了一位演员，其中一位悄悄地说："嘿！你快看！那不是某某吗？"另一位答曰："真的！不过比电视上难看。"如果她换一句话说："嗯，还是电视上的她比较好看。"这样听起来是不是感觉更舒服呢？又如，有个同事正忙着工作，你正好有事找她，她却不耐烦地说："唉呀！讨厌！我忙死了！"这时，你千万不要与她争吵，你可以说："啊！对不起，我正在失业中，如果您有事，尽管吩咐……"在那一瞬间，你的这句回答必可缓和紧张的气氛，对方也会感觉自己说话太过

分，她必会道歉："我真抱歉，对你实在太不客气了。"

同样的话，在会说话的女人嘴里，就是一颗甜丝丝的糖果，而到了不会说话的女人嘴里就会变成一把伤人的刀。

巧妙的寒暄语能迅速拉近人与人之间的距离，而恰当的赞美则能为关系巩固添砖加瓦。

聪明的女人知道，每个人都渴望自己的价值得到认可，渴望得到别人的赞美。尤其在我们付出了辛勤和复杂的劳动之后完成的工作，更是期待别人的注意和赞赏。同事之间如果能经常用毫不吝啬的语言赞美对方，相信在工作的时候，激情会更高，工作效率也会提升。

张霞剪了一个新发型，她非常不满意，几乎和理发师当场吵起来。当她极其不安地到了公司后，同事们都齐声称赞她发型的清爽和简洁。张霞在这一片赞美声之中，原来的怨气一古脑儿全消了，心情变得大好，随后几天的工作都非常顺利。

别人对待你的方式，大部分取决你对别人的态度。有的女人总是抱怨同事对自己不热情、不友好，其实她应该先反省一下，自己对待同事的态度又如何呢？这就像面对镜子，如果镜子中的形象令你不悦，原因一定是你的脸上表现出了不悦。想要别人如何待你，你就该如何待别人。一个热情友好的赞许，就能换取对方同样的态度，从而为相互沟通大开"绿灯"。

事业之外，家庭几乎构成了女人生活的全部。而和谐美满的家庭，赞美是不能少的。再没有比一个唠唠叨叨、成天抱怨的女人更让人退避三舍的了。

在现实生活中，女人比男人更习惯于用抱怨来发泄自己的不满。虽然有时候，以抱怨的方式把郁积在心中的不良情绪发泄出来，要比闷在心里对健康有利。但是，作为妻子，如果你每天都在丈夫面前抱怨不止，那样只会引起他的反感。

聪明的妻子不会通过抱怨和唠叨使丈夫感到难堪和厌烦，相反，她能够使别人注意到丈夫的长处，还能将丈夫的缺点减小到最低的限度。她们会聪明地称赞自己的丈夫，夸耀丈夫的特长，表扬丈夫的优点，在肯定自己另一半的同时，肯定自己。

人都有一种倾向，就是依照外界所强加给他的性格去生活，假如你不断赞美你的丈夫，那么慢慢地他就会以你所说的标准要求自己，成为一个真正优秀的人。因此，每个妻子对自己丈夫的称赞，都是对丈夫的一种鼓励，这比直接"教训"的言语，更能推动他尽力去把事情做好。

当男性听到妻子诸如"你真是了不起""我为你感到骄傲""我能拥有你真是幸福"的赞美时，几乎所有的人都会觉得心花怒放。有许多成功的男性用他们的经历充分证明了这种说法的真实性。

有一对年轻的夫妇，2年前还做着零散的短工，后来发现鲜花行业很有发展，就开了一间花店，生意非常兴隆。面对别人的称赞，这位妻子总是说，"以前不知道我那口子有这么多才能，他实在是没有找到发挥的天地，现在他不但是一个好经理，还是一个优秀的策划。真不知道他从哪儿学来的知识，能告诉任何一位顾客该给送花对象送什么花。"妻子的夸奖，使那位男人更加努力地学习和勤奋地工作，也促使花店的生意越来越红火，夫妻关系更是越来越和谐。

一味地抱怨不能使男性进步，最好的方法是找出他已经施展出来的才华，赞美他、鼓励他。当他信心不足的时候，找出他曾经做过的有勇气的事情，比如："记得那一次为了减少部门的浪费情况，你对老板的提议吗？这样一件需要极大勇气的事情，你已经做到了啊！真是不简单。"就算再懦弱的男人，听了这样的话也会继续努力的。

掌握好寒暄语与赞美词，相信任何交际场合你都能应付得游刃有余。

存储千套策略，应对不同人群

不同的对象，对同一句话会产生不同的反映，甚至会导致截然相反的反应。

传说，朱元璋做了皇帝，他从前相交的一帮穷朋友，有些还是照旧过着很穷的日子。有一天，其中一个从乡下赶来皇宫，见面的时候，他说："我主万岁！当年微臣随驾扫荡芦州府，打破罐州城，汤元帅在逃，拿住豆将军，红孩儿当关，多亏菜将军。"

朱元璋听他说得好听，心里很高兴。回想起来，也隐约记得他的话里像是包含了一些从前的事情，所以，就立刻封他做了御林军总管。

这个消息让另外一个穷朋友听到了，他也想去讨个一官半职。

一见面，他就直通通地说："我主万岁！还记得吗？从前，你我都替人家看牛，有一天，我们在芦花荡里，把偷来的豆子放在瓦罐里煮着。还没等煮熟，大家就抢着吃，把罐子都打破了，撒下一地的豆子，汤都泼在泥地里。你只顾从地下满把地抓豆子吃，却不小心连红草叶子也送进嘴里。叶子卡在喉咙口，苦得你哭笑不得。还是我出的主意，叫你用青菜叶子带下肚子里去了……"

朱元璋嫌他太不顾全体面，等不得听完就连声大叫："推出去斩了！推出去斩了！"

两个穷朋友说的内容相同，结果却截然不同。这是为什么？

前者懂得，眼下的朱元璋和他不再是过去的哥们关系，因此用君臣关系的身份说话，投其所好。尽管隐隐约约提到儿时不光彩的事，然而丝毫不伤害朱元璋的尊严，相反，还讨得了皇上的欢心而获赏。

而后者却是死心眼，仍按昔日穷哥们的身份直通通地说话。因当众揭了朱元璋小时的狼狈相，伤了其自尊而获斩。

说话要讲求得体，要适时、适情、适势、适机，一切以适度、恰当为原则。说话想要得体，就要看身份、看对象、看场合。那个傻呼呼被斩的家伙，就是没有考虑到朱元璋身份的变化，说话没有分寸，才招致杀身之祸。

一位包装时髦的白领小姐为购买一件时装而迟疑不决时，一位年轻的女营业员忙上前说："这件衣服品味高雅，销路很好，今天早上就卖出好几件。"那位小姐听说后立即走了。

不一会，一位中年妇女来了，准备买一件新潮流行的马夹，那位服务员接受了刚才的"教训"便说："这件马夹很气派，一般人穿着还压不住它，从进货到现在还没有卖出一件，看来只有你最适合了。"这位中年妇女听了也气呼呼地走了。

这位女营业员错就错在没有依说话的对象进行推销。时髦白领追求的是特立独行，当然不希望与人撞衫，而中年妇女更倾向于大众的选择。如果把上面所说的话置换一下，效果就不一样了。

要想在人际交往中左右逢源，就要学会见什么人说什么话，《红楼梦》里的王熙凤就是其一。

《红楼梦》第三回，林黛玉离父进京城，小心翼翼初登荣国府时，王熙凤的几段话就展现了她"会说话"的超凡才能。

先是人未到话先行："我来迟了，不曾迎接远客！"尚未出场，就给人以热情似火的感觉。随后拉过黛玉的手，上下细细打量了一回，仍送至贾母身边坐下，笑着说："天下竟有这样标致的人物，我今儿算见了！况且这通身的气派，竟不像老祖宗的外孙女儿，竟是个嫡亲的孙女儿，怨不得老祖宗天天口头心头一时不忘。只可怜我这妹妹这样命苦，怎么姑妈偏就去世了！"一席话，既让老祖宗悲中含喜，心里舒坦，又叫林妹妹情动于衷，感激涕零。

而当贾母半嗔半怪说不该再让她伤心时，王熙凤话头一转，又说："正是呢！我一见了妹妹，一心都在她身上了，又是喜欢，又是伤心，竟忘了老祖宗。该打，该打！"至此，她把初次见到林妹妹应有的又悲又喜又爱又怜的情绪，抒发表演得淋漓尽致。

生活中，人是各种各样的。因此，他们的心理特点、脾气秉性、语言习惯也各不相同，这些因素决定了他们对语言信息的要求是不同的。所以，不能用统一的通用的标准语的说话方式来交流，对不同的人群说什么话，因人而异是非常必要的，否则无异于"对牛弹琴"。

一般说来，因人而异要考虑以下几个方面：

（1）性别差异。对男性采取直接较强有力的语言；对女性则采取温柔委婉的态度。

（2）年龄差异。对于年轻人应采用煽动性强的语言；对中年人应讲明利害关系让其自己斟酌；对老年人要用商量的口吻以示尊重。

（3）地域差异。正所谓一方水土养一方人，一方人有一方人独特的性情特点。对于北方人可采用粗犷直率的态度；而对于南方人则要细腻得多。

（4）职业差距。与不同职业的人交往，要针对对方职业特点，运用与对方掌握的专业知识关联较紧密的语言，增强对方对你的信任度。

（5）文化差异。对文化程度较低的人采用的语言要简洁，要多使用一些具体的例子和数据；而对于文化程度较高的人，则要尽可能表达得专业。

总之，与不同的对象谈话，就要采用不同的谈话方式。或忠诚、坦白，知无不言、言无不尽；或朴实无华、直而不曲；或引经据典、纵横交错；或含蓄文雅、谦虚好学。如此种种，储存千套策略才能在不同的人群间应对自如。

倾听是最好的恭维

如果你希望成为一个善于与人沟通的高手，那你就得先做一个注意倾听的人。要使别人对你感兴趣，那就先对别人感兴趣。

倾听别人说话是与人有效沟通的第一个技巧。要想做一个让人信赖的人，这是个最简单的方法。众所周知，最成功的处世高手，通常也是最佳的倾听者。

倾听是对别人的尊重和关注，也是每个人自幼学会的与别人沟通的一个组成部分，它在日常的人际交往中具有非常重要的作用。

1. 倾听可以使说话者感到被尊重

专心地听别人讲话，是你所能给予别人的最大赞美。不管对象是谁，上司、下属、亲人或者朋友，倾听都有同样的功效。人们总是更关注自己的问题和兴趣，如果有人愿意听你谈论自己，马上就会有被重视的感觉。

2. 倾听可以缓和紧张关系

倾听不但可以缓和紧张关系，解决冲突，增加沟通，还可以增进人与人之间的相互理解，避免一些不必要的纠纷。

全球最大的毛料供销商朱利安·戴莫一次碰到一位怒气冲冲的顾客，他欠钱之后，信用部门坚持让他偿付欠款。这位顾客后来只身跑到他的办公室，扬言不但拒绝付款，而且不再从他那里进货。

"我耐心听完他的话，然后说：'非常感谢你告诉我这些话，因为我的信用部门会冒犯你，肯定也会冒犯其他顾客，这太糟糕了。'他本来想大闹一场，而愤怒在我的耐心倾听中化解了。"

3. 倾听可以解除他人的压力

把心中的烦恼向别人诉说能减缓自己的心理压力，因此，当你有了心理负担和心理疾病的时侯，去找一个友善的、具有同情心的倾听者是一个很好的解脱办法。

4. 倾听可以使我们成为智者

倾听可以让我们学到更多的东西，更好地了解人和事，使自己变得聪明，成为一名智者。

虽然报纸、电视等媒体是人们了解信息的重要途径，但会受到时效的限制。而倾听却可以迅速地得到最新的信息。人们在交谈中有很多有价值的消息，虽然有时常常是说话人一时的灵感，对听者来说却很有启发。实际上就某事的评论、玩笑、交换的意见、交流的信息，以及需求消息，都有可能是最快的消息，这些消息不积极倾听是不可能抓住的。所以说，一个随时都在认真倾听他人讲话的人，在与别人的闲谈中就可能成为一个"信息的富翁"。

5. 倾听会给对方留下深刻印象

许多人之所以不能给人留下良好的印象，就是因为不注意听别人讲话。

戴尔·卡耐基曾举过一例：在一个宴会上，他坐在一位植物学家身旁，专注地听着植物学家跟他谈论各种有关植物的趣事，几乎没有说什么话。但分手时那位植物学家却对别人说，卡耐基先生是一个最有发展前途的谈话家，此人会有大的作为。因此，学会倾听，就意味着你已踏上了成功之路。

那么，如何才能学会倾听呢？这就要求处于人际交往中的女性要熟练掌握倾听的技巧。

1. 倾听时要有良好的精神状态

良好的精神状态是倾听质量的重要前提，如果沟通的一方萎靡不振，是不会取得良好的倾听效果的，它只能使沟通质量大打折扣。良好的精神状态要求倾听者集中精力，随时提醒自己交谈到底要解决什么问题。听话时应保持与谈话者的眼神接触，但对时间长短应适当把握。如果没有语言上的呼应，只是长时间盯着对方，那会使双方都感到局促不安。另外，要努力维持大脑的警觉，而保持身体警觉则有助于使大脑处于兴奋状态。所以说，专心地倾听不仅要求有健康的体质，而且要使躯干、四肢和头部处于适当的位置。

2. 使用开放性动作

开放性动作是一种信息的传递方式，代表着接受、容纳、兴趣与信任。

开放式的态度是一种积极的态度，意味着控制自身的偏见和情绪，克服思维定势，做好准备积极适应对方的思路，去理解对方的话，并给予及时的回应。

热忱地倾听与口头敷衍有很大区别，它是一种积极的态度，传达给他人的是一种肯定、信任、关心乃至鼓励的信息。

3. 及时用动作和表情给予呼应

作为一种信息反馈，沟通者可以使用各种对方能理解的动作与表情，表示自己的理解，传达自己的感情以及对于谈话的兴趣。如微笑、皱眉、迷惑不解等表情，给讲话人提供相关的反馈信息，以利于其及时调整。

4. 适时适度的提问

沟通的目的是为获得信息，是为了知道彼此在想什么、要做什么，通过提问可获得信息，同时也从对方回答的内容、方式、态度、情绪等其他方面获得信息。因此，适时适度地提出问题是一种倾听的方法，它能够给讲话者以鼓励，有助于双方的相互沟通。

5. 要有耐心，切忌随便打断别人讲话

有的人话很多，或者语言表达有些零散甚至混乱，这时就要耐心地听完他的叙述。即使听到你不能接受的观点或者某些伤害感情的话，也要耐心听完。听完后才可以反驳或者表示你的不同观点。

当别人流畅地谈话时，随便插话打岔，改变说话人的思路和话题，或者任意发表评论，都被认为是一种没有教养或不礼貌的行为。

6. 必要的沉默

沉默是人际交往中的一种手段，它看似一种状态，实际蕴含着丰富的信息，它就像乐谱上的休止符，运用得当，则含义无穷，真正可以达到"无声胜有声"的效果。但沉默一定要运用得体，不可不分场合，故作高深而滥用。而且，沉默一定要与语言相辅相成，才能获得最佳的效果。

总之，如果你希望成为一个善于与人沟通的高手，那你就得先做一个善于倾听的人。要使别人对你感兴趣，那就先对别人感兴趣。问别人喜欢回答的问题，鼓励他人谈论自己及所取得的成就。不要忘记与你谈话的人，他对他自己的一切，比对你的问题要感兴趣得多。

倾听是我们对别人最好的一种恭维，很少会有人去拒绝接受专心倾听所包含的赞许。聪明的女人，是一个会倾听的女人，善于倾听，就会让你处处受到欢迎。

友情存折：朋友就是资源

从经济学的角度来看，好朋友是"恒久财"，坏朋友是"消耗财"。好朋友会带着你一同成长，奔赴更加美好的"钱程"；而坏朋友却总是拉着你向相反的方向行进，让你离自己的理想越来越远。聪明的女人要学会在人生中储备更多的"恒久财"。拥有很多的贵人，你一定可以"非富即贵"，改变自己的人生。

朋友如财富，易求难守

有人说："朋友如财富，易求难守。"确实，财富不是一辈子的朋友，朋友却是一辈子的财富。而这一辈子的财富是需要我们用心去浇灌才能永葆新鲜的。

与朋友之间的交往，就像存钱一样，平时储蓄一点一滴，几年之后就会有一笔数目不小的钱了。与朋友之间的关系同样需要维护和经营，平时互相间不来往，相当于不存钱；有事才想到找朋友帮忙，相当于从存折中取钱，只取不存，存折迟早会空的。以这种方式和朋友相处，朋友资源最终会枯竭。平时要多与朋友联系，感谢朋友的关心和帮助，同时也要适当地拜访朋友，主动关心朋友、帮助朋友，这样才可以增加彼此之间的感情。虽然结交朋友有功利性目的，但并不是与朋友之间的每一次来往都是以利益来估计的。与朋友之间的大部分交往都是出于感情交流的目的。朋友之间的感情需要一点一滴的累积，也就是不断地为你的人脉关系添加润滑剂，使你的人脉关系更柔韧。

对于那些已经退休的老前辈、老上司，要设法与他们多亲近，并博得他们的赏识。毫无疑问，退休者最难过的是退休后那种门可罗雀的景象。退休后，他们在心理上自然会有些失落。这时若有人像以前那么尊敬他，他们必会为之感动。你可在平时馈赠一些他们喜欢的东西，以虔诚的态度向他们请教，对于他们的经验之谈，要表现出乐意倾听的样子，使他们有重温过去美好时光的感觉。退休者并不等于没有发言权，有时候还具有意想不到的影响力。

小王是人文学院学工处的一名普通职员，她与经管系的系主任刘某关系处得非常好。而据小道消息说经管系主任很可能在年内就会调任学工处处长一职，如果消息确切，那么小王将来的日子就会比较好过。然而世事难料，年底人员调整时，刘某却被调去图书馆当馆长了。这样一来，原本许多想与刘某拉关系的人立刻不见了，让刘某见识到了"人走茶凉"的情景。就在这时，小王来找刘某，说道："刘主任，这没什么大不了的，哪天咱们一起去逛街散散心吧！"小王的出现使处在难过时期的刘某十分感动。从那以后小王经常去找刘某聊天、逛街。一年半后，该学院的院长调走了，新来的院长把刘某提拔为主管人事的副院长，这样，小王自然成了新一任的学工处处长。

小王是个聪明人，她始终没有放弃她的朋友，而她的真诚也为她带来了很大的回报。

为了不使好不容易才建立起来的人际关系毁于一旦，女人一定要在日常生活中广织"关系网"，且不要与人失去联络，不要只在有急事时才想到别人。因为"关系"就像一把剪刀，常常磨才不会生锈，若是长时间不联系，你就可能失去这位朋友了。

妥善经营自己的友谊

俗话说，友谊是需要经营的，就如同我们在朋友银行中开一个友情账号一般，你不能每次都赶在银行快下班时支取，或是一笔笔地全都支取。虽然好朋友在关键时刻还可以"透支"，但是，只进不出的人生经营，到最后账户会全部归零，朋友就不能再为你服务。不能同甘共苦的朋友，最后就会减损双方户头里的筹码实力。

但是，好的朋友却可以让这本存折生生不息，就像是个稳定而又高利率的定存一般，让你每次看到账户里的数字，都会发出会心的一笑。

朋友银行中，在微妙的存与取之间，就已决定了朋友间的友好度。对大多数女性朋友而言，姐妹情谊是成长过程中的生活重心，女性朋友间总是分享着彼此间最私密的交心，但当男人开始进入女人的生活领域时，女人可能就会开始忽视她的女朋友。

没有人天生有义务要对我们好，而是我们要主动去关心、照顾别人，才会交到好朋友。朋友和爸妈不同，自己是不会从天上掉下来的！一位以善于结交朋友闻名的女士，有一次故意收敛她那常见的开朗愉快的笑容，板起面孔走进一处公众场所，结果没有一个人和她打招呼。她后来说："谢天谢地，幸亏我本性就喜欢先找人讲话，先向人微笑！"

女人在结婚后还是要继续结交好朋友的，但是，结交好朋友的意义，不是只为了在面对婚姻生活孤立无援时可以找人倾诉，而是要继续人生中的心灵成长。

那么，如何建立自己的人脉？

1. 注意搜集信息

在与人交谈时，仔细而且积极地倾听，并且通过提问，还可以让谈话朝着你希望的方向发展。为了事业的发展，你应该搜集一些联系方式和值得了解的信息。

2. 要积极参加各种活动

公司的各种活动都可以为你提供扩大交际圈的机会。你可事先思考一下，你希望认识哪些人，然后搜集一些可以参与这些人交谈中去的信息。只有多参加各种活动，才有可能把自己推销出去，同时还能与同性交流一些知识与经验，使自己成功的脚步更稳健、更扎实。

3. 积极利用各种集会时间

讲座休息时或者午餐时，你可以充分利用这些时间，结交一些你的同事、领导以及你身边不熟悉的人。因为事业的成功也可能是在其他时间取得的。

多施小惠，积累人情资本

派克巴洛特是法国国家马戏团的著名驯兽师。他有一个狗与小马的节目非常受人欢迎，尤其是他训练狗的样子特别有意思。旁人会发现，当狗有了一点点的进步时，派克巴洛特便会去拍拍它，夸奖它，还给它肉吃，并逗它一阵子。

当然，这并不是什么新鲜的玩艺儿，因为几个世纪以来，大多数驯兽师都采用这样的方法去训练动物。这对你是不是有所启发呢？

人际关系心理学家告诉我们，互利是人际交往的一个基本原则。我们的社会提倡奉献和利他精神，但这只是一种最高层次的人际交往境界，很难要求所有人都做到这一点。

人为什么需要与人交往呢？尽管每个人具体的交往动机各不相同，但最基本的动机都是为了从交往对象那里满足自己的某些需求。实际上，人际交往中的互惠互利也是合乎我们这个社会的道德规范的。

　　所谓互利原则，既包括物质方面的，也包括精神方面的。由于受传统观念的影响，过去人们交往中更愿意谈人情，而忌讳谈功利。事实上，人与人之间的交往需求是多层次的，粗略地可以分为两个基本层次：一个层次是以情感定向的人际交往，如亲情、友情、爱情；另一个层次是以功利定向的人际交往，也就是为实现某种功利目的而交往。现实中人们时常会自觉或是不自觉地将这两种情况交织在一起。有时候既使是功利目的的交往，也会使人彼此产生感情的沟通和反应；有时候虽然是情感领域的交往，也会带来彼此物质利益上的互相帮助和支持。还有，在人的各种交往中，有时是为了满足物质需求，有时则是为了满足精神的需求。换言之，人际交往的最基本动机就在于希望从交往对象那里得到自己需求的满足。这种满足，既有精神上的，也有物质上的。所以，按照人际交往的互利原则，人们实际上采取的策略是：既要感情，也要功利。

　　不管是感情还是功利，既然人际交往是互利的，是为了满足双方各自的需求，那么人际交往的延续就有一个必要的条件：交往双方的需求和需求的满足必须保持平衡，否则，人际交往就会中断。也就是说，人际交往的发展要在双方需求平衡、利益均等的条件下才能进行。

　　生活中常常见到有人抱怨朋友缺乏友情，甚至不讲交情。其实说穿了，抱怨的一方往往是由于自己的某种需求没有获得满足，而这种需要往往也是非常功利的。所以，我们不必一味追求所谓的"没有任何功利色彩的友情"，也不必轻率地抱怨别人没有"友情"。我们只需要坦率地承认：互利，是人际交往的一个基本原则；既要感情又要功利，是人际交往的一个常规策略；需求平衡、利益均等，是人际交往的一个必要条件。

当朋友之间的交往出现障碍时，我们还是先看看在人际交往上哪里出现了毛病才是。

心理学中人际交换交易的六大定律之一的价值实现定律指出：追求社会报酬是人们社会行为的基本动机，而交换交易则是实现社会报酬的基本途径。

一个人在社会交往中得到的报酬，往往会使其他人付出一定的代价。人们之所以通过社会交换形式进行相互交往，是因为他们都能从他们的交往、交换中得到某种益处。进一步看，我们还会发现，基于人们追求利益最大化的理性主义原则，在交换过程中，人们在各种可供选择的潜在伙伴或行动路线中进行选择，具体方法是：按照自己的偏好等级，对其中每个人或行动的体验或预期的体验作出比较、评价，然后从中选出最好的、能够给自己带来最大利益的交换伙伴。

当然，帮助别人时也要掌握一些基本要领，如施恩时不要说得过于直露、挑得太明，以免令对方感到丢了面子、脸上无光；已经给别人帮过的忙，更不要四处张扬；施恩不可一次过多，以免给对方造成还债负担，甚至因为受之有耻，与你断交；给人好处还要注意选择对象，像狼一样喂不饱的人，你帮他的忙，说不定还会被反咬一口。

总之，亲爱的女性朋友，在人际交往中，我们要做热心人，见到给人帮忙的机会，要立马冲上去，因为人情就是财富，人际关系一个最基本的目的就是结人情、有人缘。要像爱钱一样喜欢情意，方能左右逢源。求人帮忙是被动的，可如果别人欠了你的人情，求别人办事自然会很容易，有时甚至不用自己开口。做人做得如此风光，大多与善于结交人情、乐善好施有关。交往中别忘了施小惠，这是人情关系学中最基本的策略和手段，是开发利用人际关系资源最为稳妥的灵验功夫。

无事也要常登三宝殿

红楼梦中有这样一段，一日大家伙儿在怡红院说笑，说起暹罗进贡的茶，大家都说不好，唯独黛玉说吃着好，于是凤姐就说她那儿还有，黛玉道："果真的，我就派丫头去取去。"凤姐道："不用取去，我打发人送来就是了。我明儿还有一件事求你，一同打发人送来。"林妹妹说："你们听听，这是吃了他们家一点子茶叶，就来使唤人了。"想想若不是凤姐有先见之明，便贸然叫她做事，岂不更得罪了她？又或者，黛玉有一点不愿意，只推说身上不好，懒得动，也就推得干净，谁也拿她没辙。

生活中的友情也是如此。如果平时没什么联系，只是等到需要朋友帮忙了才去登门造访，不免令人怀疑在利用自己。至少，这种情形无法发展成健全的人际关系。因此，平时有事没事常到朋友家做做客以加强联系与沟通，看来还是必要的。

现代人的交往常遭遇这样的尴尬：对交情一般的人，有事要找对方的时候，少不得先联络感情。有人是先在电话里寒暄几句，也有人提前十天半个月先找对方吃个饭、叙叙旧。可不管哪种方式，一旦对方发现了真相，心里难免不舒服，"原来你是利用我的感情！"为什么"临时抱佛脚"如此令人反感？为什么太"势利"的朋友不招人待见？

其实，之所以感到失落，是因为我们还固守着"熟人社会"中形成的许多期望：有几个挚爱的亲人、许多熟人、不多的一些生人。而在人员流动比较大、不稳定的城市群体中，人们忙于应酬的结果，放眼望去，才发现自己的朋友都是泛泛之交，熟人和亲人却是寥寥无几，这种落差促成了都市人内心里深深的寂寞。

印第安人有一句谚语，"别走得太快，等一等灵魂。"对那些你想与之交往的人，在大家都空闲时，不妨登门造访，多聚聚，即使是无目的地一起做些琐事，闲聊、闲逛，也有益于心灵，也能在危急时"得道多助"、有求必应。

小张曾偶然去一位做老板的朋友的公司玩，发现他用半个早上的时间在打电话："老张呀，儿子上幼儿园的事情搞好了吗？""王姐，还胃疼吗？""小岳，猫做绝育了吗？"

朋友十分不解，就问她的老板朋友，这算是做生意吗？都是些琐事啊。

结果，老板朋友见怪不怪地反问："你想怎么样？半年一载不来往，无事不登三宝殿。可是，等到你登的时候，人家还认识你是谁吗？"

一句话，也许会让我们所有的人都哑口无言。的确是的，对朋友，有时候的确需要一点虔敬之心。当他是至爱至重要的人或者三宝殿，别忘了有事没事去溜达一下，也许浇浇花，也许看看夕阳，哪怕什么也不做呢，总比完全不搭理要好！

无事也登三宝殿，大家聚在一起聊聊天、诉诉苦、谈谈工作、谈谈未来，不也挺好？

周末，小齐和老魏一起去找依依玩，在那儿住了一夜。一时间，才发现朋友们偶然聚聚竟会有那么多感触。

小齐说，依依现在好忙，没怎么变；虽然老魏说她现在不再像个学生了，更像是个工作的人，可实际上又没什么变化，衣服没变，人也没变，做事的方式也没变，只是角色定位变了而已，而且，每次和同学、朋友、老乡聚会，老魏都是最大方的那个人，从来不吝啬。

等到众人问到小齐过得怎样，小齐才意识到，其实自己的日子就是混着过……曾经的辉煌成绩已成过去，明天到底会是怎样的，多彩还是黑白呢？小齐在朋友们的聚会中才忽然发现，自己如今的日子原来平淡如水。

这就是多与朋友聚聚的收获。多登登朋友的三宝殿，你的思维便不会太受限制；多登登朋友的家门，你就会发现不一样的世界；多去了解朋友的近况，你才会少一些牢骚、多一些动力。

无事也常登三宝殿，你总能寻到你需要的宝贝。这种宝贝会在你的心里生根发芽，会在你的心里留下美好的回忆，会成为你日后回忆的一个梦境。

用真诚去经营友谊

可能很多人都知道这样一个寓言故事：

一个年轻人在人生路上走到一个渡口的时候，已经拥有了"健康""美丽""机遇""才学""金钱""真诚""名誉"这七个背囊。渡船开出后险象环生，船公说："你必须丢下所有的背囊，只剩一个，方可脱险。"年轻人思索片刻后，把"真诚"等背囊全部抛进了水里，只留下一个"名誉"。在那以后的人生道路上，这个年轻人驾驭的孤舟便漂泊在了茫茫大海之中，只有无助、孤独、寂寞伴他一生。

我们可不希望成为像这个年轻人一样孤独的人。要想不孤独，只有一种方法，真诚待人，尤其是对你的朋友。

真诚的友谊会像露珠一样纯洁，像阳光一样和煦。真诚的友谊是朋友间一种美好的、高尚的情感交流，是相互支持、帮助、合作。真诚的友谊不会因时间流水的冲洗而变淡，也不会因争吵而破裂，更不会因金钱的多少、地位的悬殊而断绝。

真诚的友谊更是一种默契，不必追求，需要的时候它自会出现。真诚的友谊是在你最需要的时候可以不记任何报酬地给予，是在你最困难时陪你前行的动力，是在你最失落时宽厚的肩膀，更是你生命中最不可或缺的力量。

在喧嚣的都市里，我们渴望在岁月的枝头上绽开友谊的花朵，渴望在孤独的心灵上聆听到最真的祝福。但是，仅仅渴望是不够的，没有真诚的汗水浇灌，美好的友谊不会来到你身边，只有真心对待，诚实栽培，友情之树才能常青不倒。

人们总认为演艺圈是一座名利场，赚钱是许多人的首要目的，竞争压倒一切。然而，率直坦诚、心地纯良的蔡少芬和率性真诚、个性爽直的陈慧珊自首次相遇后就结为挚友，她们的友谊也堪称娱乐圈的一朵奇葩。

陈慧珊曾说过蔡少芬是她在娱乐圈里最好的女性拍档，也是她能够交心的最好的朋友之一。蔡少芬则说，"我最好的朋友是陈慧珊，我们多次合作，个性和性格非常相似，尤其以前我们曾在剧集里扮演好友。我们相互间非常了解，动作、眼神和预期的反应彼此都能够相互读懂。我们心里怎么想，就可以开诚布公地说出来，而且我们之间不用担心竞争。"

在娱乐圈，能够有这么真诚的友谊，不能不说难能可贵，但是，我们也应该知道，友谊永远不是一个人的事情，它是两人坦诚相见的结晶。

还有两个漂亮的北京姑娘是在为某杂志的封面拍摄时相识的。因为有着相同的成长环境、相同的广告女郎经历，一见如故的两人在倾谈之下发现双方无论是性格还是为人处世的态度都十分接近，于是发展成了无话不说的"姐妹淘"，她们就是高圆圆和杨雪。

在高圆圆的眼中，杨雪是个惹人疼爱的小朋友，而杨雪认为在娱乐圈找到一份纯粹的友谊并不容易，高圆圆的真诚淡然更显珍贵。所以杨雪宣称，"我们的友情比海深、比天高！"这绝不是夸张！

某次杨雪身在横店工作，利用只有1天的休息时间，还跑到杭州和坐飞机赶来的高圆圆见面，两个人凑到一起永远有说不完的话。

因为有"真诚"二字，所以友谊便可以穿越时间与空间的距离，可以穿过流言蜚语的伤害，总是保持新鲜的最完美的状态。但是，如果只有一方拥有真诚的心，那么友情就会慢慢凋零，而受伤的，就是真正付出真心的人，后悔的则是没有真诚待人的一方。

我们常说，真正的知己一生有一个，足矣！但是，有的人却总是在握有一份真诚友谊的时候，不懂得珍惜，不懂得也需要同样付出真诚之心共同栽培，总是任意践踏那美好的友情，直等到失去之后才后悔不已。

我们不要做这样的女人，我们要做善良、真诚的女人，我们要做拥有自己的真诚好友的女人，我们更要做懂得真诚对待朋友和友情的女人。如果我们是这样的女人，我们就一定会幸福。

幸福存折：幸福与痛苦的街口，选择权在你自己

浪漫、优雅又精致的女人，拥有婚姻束缚不了的自主、无视世俗眼光的信心，总是令人羡慕的。但很多女性在25岁之后，生活圈子却似乎越来越小，加上男朋友或老公及孩子占据了自己的休闲时间，渐渐地，似乎对生活中的很多东西都提不起兴趣，很多时候的快乐，都是来自于购物的短暂快乐。这是女人想要的生活吗？答案是否定的。

财富不是万能的，幸福最重要

有一个哲学家问一个即将毕业的大学生：

"想不想找一份工资更高的工作？"

"当然想。"

"为什么要追求更多的工资呢？"

"为了生活更富裕。"

"那么生活更富裕为了什么呢？"

……

没人喜欢这样被追根问底，因为我们未曾真正思考过。毕竟，有钱是一件多好的事啊！

但是，富裕到底又是为了什么呢？

芝加哥大学工商学院的一个教授为我们举了一个很形象的例子：假定你是一家公司的CEO，你有两种支付员工报酬的方式：一种方式你可以给员工支付定额的高薪；另一种方式你可以给员工相对低一些的工资，但是时不时给他们一些奖励。客观来讲，用第一种方式你的公司花的钱更多；但是，用第二种方式你的员工会更高兴，而这个时候公司花的钱还更少！

当然，如果你的公司现在已经采取的是类似第一种的支付定额高薪的方式，那么现在要转换成第二种支付方式已晚，因为降低工资总是让员工很不开心的。

我们无法讳言这样的现实：追求财富是人的本能。人人都希望自己的钱包变得更鼓，人人都希望自己有朝一日成为富翁。但我们同样无法回避这样的事实，社会资源的总量是有限的，至少在现在这个阶段，我们不可能期望人人都成为富豪。富裕阶层与弱势群体之间的贫富鸿沟也不可能完全消失。

传统经济学认为，增加人们的财富是提高人们幸福水平的最有效的手段。但财富仅仅是能够带来幸福的很小的因素之一，人们是否幸福，很大程度上取决于很多和财富无关的因素。举个例子，在过去的几十年中，美国的人均GDP翻了几番，但是许多研究发现，人们的幸福程度并没有太大的变化，压力反而增加了。这就产生了一个非常有趣的问题：我们耗费了那么多的精力和资源，增加了整个社会的财富，但是人们的幸福程度却没有什么变化。这究竟是为什么呢？

归根结底，人们最终追求的是生活的幸福，而不是有更多的金钱。因为，从"效用最大化"出发，对人本身最大的效用不是财富，而是幸福本身。这一点已经被很多真实的例证证明。

有一位私营企业家，他的公司年产值约2亿元，1年纯利润也有两三千万元。但他每天早上八点半上班，常常要到晚上八九点才回家。他自嘲被企业"套"住了，一年到头很难有轻松的时候。有人问他，公司每年财务报表上利润的增加能给他带来多少快乐，他笑笑，摇摇头："增加几百万元没啥感觉。"

事实就是这样，5元钱给一位饥肠辘辘的人带来的快乐，可能要比一万元带给千万富翁的快乐来得强烈。如果用纵轴代表快乐，横轴代表财富，那么两者的关系可以通过一条曲线反映出来：在一贫如洗时，最初的财富积累给人带来的幸福感一定急剧上升。财富积累到一定程度后，幸福感的增加进入一个缓坡。等到财富增长到某个数量后，大大超过了一个人一生的需要，拥有者可以"为所欲为"时，幸福感增长就基本成为水平线，很难再有更多增长。无论金钱、财富怎样多，人生终究还是有缺陷的，比如生老病死，所以人的幸福感都不可能达到100%。

金钱和财富同样逃脱不掉边际效用递减律。

1 500万元当然比1 000万元更好，但是很少有人能够因而让幸福感也同等增加50%。这实在是勉为其难：吃不过三餐饭，睡不过一张床，财富增加了，幸福感不一定同比增加。这是世界之惑、人类之惑。除非在财富增加的每个台阶，能过一种全新的生活。

2001年，美国61岁的富翁蒂托花了2 000万美元到俄罗斯国际空间站进行太空旅游。2002年，28岁的南非富翁马克也同样玩了一次。还有很多外国富豪也这样，或驾船横渡太平洋，或乘热气球环游世界等。这些人才是要让财富变成实实在在的幸福。

所以，在对财富有了足够的认识之后，请你记住：我们的最终目标不是最大化财富，而是最大化人们的幸福。

心态平和带来生活的幸福

心境是被拉长了的情绪，要想把握好心境，必须先把握好你的情绪。有人说："如果你感到不快乐，那么你要找到快乐的方法，那就是振奋精神。"紧张是一种习惯，放松也是一种习惯。过度紧张、坐立不安、着急以及紧张痛苦的表情……这是坏习惯，不折不扣的坏习惯。建立和培养好的习惯，是幸福女人修炼的一个重要环节。

女人不要总是去抱怨什么，而要时时保持平和的心态，把自己变成幸福的主人。虽然女人的美丽有很多种，可是慢慢的，当女人老去时，很多的美丽都会慢慢褪色，只有幸福的美丽会随着幸福的加深越来越灿烂。

生命的质量取决于每天的心态，女人对幸福的感觉来自于健康的心态。

著名女作家塞尔玛在成名前曾陪伴丈夫驻扎在一个沙漠的陆军基地里。丈夫奉命到沙漠里去演习，她一个人留在基地的小铁皮房子里，沙漠里天气热得受不了，就是在仙人掌的阴影下也有华氏125度。而且她远离亲人，身边只有墨西哥人和印第安人，而他们又不会说英语，没有人和她说话、聊天。她非常难过，于是就写信给父母，说受不了这里的生活，要不顾一切回家去。她父亲的回信只有两行字，但它们却永远留在她心中，也完全改变了她的生活：

"两个人从牢中的铁窗望出去，一个看到泥土，另一个却看到了星星！"

塞尔玛反复读这封信，觉得非常惭愧，于是她决定要在沙漠中找到星星。她开始和当地人交朋友，而他们的反应也使她非常惊讶，她对他们的纺织、陶器表示感兴趣，他们就把自己最喜欢但舍不得卖给观光客人的纺织品和陶器送给了她。塞尔玛研究那些引人入迷的仙人掌和各种沙漠植物，又学习了大量有关土拨鼠的知识。她观看沙漠日落，还寻找海螺壳，这些海螺壳是几万年前沙漠还是海洋时留下来的……原来沙漠人难以忍受的环境变成了令人兴奋、流连忘返的奇景。

那么，是什么使塞尔玛的内心发生了这么大的转变呢？沙漠没有改变，墨西哥人、印第安人也没有改变，是她的心态改变了。一念之差，使她原先认为恶劣的生活环境变为一生中最有意义的冒险。她为发现新世界而兴奋不已，并为此写下了《快乐的城堡》一书。她从自己造的牢房里看出去，终于看到了星星。

拥有好的心情，你才能体验到别人体验不到的精彩生活。心态具有强大的力量，从里到外影响你、暗示你。

一个夏天的傍晚，美丽的少妇想投河自尽，被正在河中划船的白胡子艄公救起。艄公问："你年纪轻轻，何故寻短见？""我结婚才2年，丈夫就遗弃了我，我一无所有了。您说我活着还有什么乐趣？"艄公听了沉吟一会儿，说："5年前，你是怎样过日子的？"少妇说："那时我自由自在，无忧无虑呀……""那时你有丈夫和孩子吗？""没有。""那么你不过是被命运之船送回到2年前去了，有什么害怕的？现在你又自由自在、无忧无虑了。请上岸去吧……"

原来世事不过像一场梦罢了，你方唱罢我登场。命运往往无常，权且把心放宽，转个角度看世界，世界无限宽广；换种立场待人事，人事无不轻安。

女性一定要清醒地认识到心态在决定自己人生成功上的作用：

你怎样对待生活，生活就怎样对待你。

你怎样对待别人，别人就怎样对待你。

你在一项任务刚开始时的心态就决定了最后将有多大的成功，这比任何其他因素都重要。

人们在任何重要组织中的地位越高，就越能找到最佳的心态。你心理的、感情的、精神的环境完全由你自己的心态来创造。

有人调查了122名患过一次心脏病的人，这些人里有人乐观，有人悲观。8年后重访时，发现悲观的25人中去世了21个，乐观的25人中去世了6个。这个结论理应让我们保持乐观，不论你有着怎样的不幸，生命还在，不是吗？更何况，保持乐观积极的心态，才能让快乐长久、生命长久。

那到底怎样才能选择好积极的心态呢?

第一，选择好你的目标，即弄清楚自己到底需要达成什么样的结果。

第二，选择好能帮助目标达成的信念。这是因为，信念与态度之间是因与果的关系，信念是因，态度是果，即有什么样的信念，就有什么样的态度。

第三，选择好你的目标，即注意的焦点。也就是说凡事都要积极思考，将注意的焦点完全集中在你最终想达到的那个目标上，千万不要放在你不想要或得不到的地方。

第四，模仿成功者的态度。与成功者交朋友，模仿成功者的态度、信念、习惯、策略，就是快速成功的最佳策略。今天，你看什么书，跟什么人在一起，可能决定5年后你会成为什么样的人。

要有良好的心态，要学会忘记、宽容过去。不原谅，等于给了别人持续伤害你的机会。要敢于向前，以柔克刚，宽容大度，反应得体，推己及人，勇于承认自我。如果不善于妥协，对当前状况不满意，那你就会永远生活在痛苦中。

养成一种习惯，善于发现生活中美好的方面。学会欣赏每个感动的瞬间，热爱生命。"爱人者人恒爱之，敬人者人恒敬之。"懂得关怀获得朋友，懂得放心获得轻松，懂得遗忘获得自由。活在当下，心态阳光，相信未来一定会比现在更美好，微笑前行。

保持平和健康的心态，才能使自己随时随地散发光彩。缺少阳光的日子很阴郁，对自己说"没什么"；失去朋友的生活很寂寞，笑着说"会好的"。并非放纵所有的过错，只是拒绝沉溺，要自己安慰自己。失去所有依靠的时候，要抱紧自己，温暖自己。寒冷的时候，让我们自己取暖，不哭泣!

正如美国的克尔·琳达在《关于女人爱己的祝愿》一书中所说："许多

女人总以为只有先爱别人才能得到幸福，其实这正是一生深陷痛苦的端点。实际上，只有先爱自己的女人，才能真正赢得别人给予的幸福。"

你认为自己是什么样的人，就将成为什么样的人。如果你觉得自己不幸福，那是因为你的眼睛只看到了自己的痛处而没有看到你手中的财富。

重要的不是看着远方模糊的东西，而是着手去做手边最重要的事情。爱因斯坦说过："只要你有一件合理的事去做，你的生活就会显得特别美好。"

我们能把握的只是自己。不要把自己的幸福建立在别人的行为上面，否则你将因为没有把握而慌恐。不要总为未来忧心忡忡，如果你担心的事情不能被你左右，就随它去吧，我们只能考虑力所能及的事情，力所能及则尽力，力不能及就由它去吧。

学会感恩，感恩会获得好心情。西方有一条格言：怀着爱心吃菜，胜过怀着恨吃牛肉。幸福是一种心态，学会感恩，就领略了幸福的真谛。

幸福的女人要塑造自己迷人的个性

生活中，每个女人都有其独特的个性特点，有的性情温柔，有的脾气火暴，有的谈笑风生，有的沉默寡言。正是因为有了各异的性情，女人才拥有了万种风情，但绝大多数女性都有一个共同的期盼：拥有迷人的个性。所谓迷人的个性，说白了，就是能吸引人的个性。那么，怎么才算有迷人的个性呢？

完美的人格，不过就是强调正确的思考问题的方法罢了，是一种心理意义上的成熟与完善。如果对待所有的事情，都能够冷静地把它们转换成数学的、物理的或是化学的题目，是非对错、轻重缓急一概量化，再经过各种排列组合得到最优解答，大概人的性格都是完美的。所以说，追求完美人格的女士，只需要从心里理解何谓完美的人格，并且努力提升自己的情商心智，培养良好的道德修养，就会使一切变得简单。

完美人格的人，有着高远的理想和目标，永远希望鹤立鸡群，成就自己不二的美丽，因为这理想拥有绵绵不绝的力量。

完美人格的人，本身拥有很高的智慧，判断能力很强。为了自己的目标，坚定地身体力行，脚踏实地地努力。有毅力、有激情，总能让自己充满精力和必胜的信心。

完美人格的人，是非常有道德感的人。诚实公正，以高的标准要求自己，凡事追求尽善尽美、无懈可击。注重纪律，守时、守法，工作、生活态度严谨，今日事，今日毕，不拖延应该完成的事。

完美人格的人，重原则，重承诺，有勇气，黑白分明，是非坚定，敢作敢为，凡事必对自己负责。做任何事，必有自己的计划，不会盲目没主见，跟随别人的想法。对自己做事的方法，却常常检讨反省，修正改进。

完美人格的人，心理成熟，有很好的适应能力和自制力，能够压制愤怒的情绪，有效转移情绪，不伤人伤己。

完美人格的人，稳重自信，很注重人前的形象，端庄淑女，衣着整齐干净，并喜欢营造整洁有序的生活环境，认为自己配得上世间一切高贵的东西。

完美人格的人，心地善良，宽容朋友，与邻居相处友好。在朋友困难的时候给予帮助，绝不会在于事无补后说风凉话。

接纳他人的能力、维持友情的能力，是衡量一个人是否拥有完美人格的标准之一，绝对不容忽视。

同样，看一个人与人相处是否融洽，能否承受压力，有没有应付困境的能力、承受挫折的能力，能否自己走出困境，便会知道这个人是否拥有完美的人格。

人的性格，可以通过后天的努力来弥补和完善，那么立志优雅的女士就不得不坚持了。

追求完美的人格，只是不要过火。要达到人性完美的程度，本来就非常艰巨，不是一蹴而就的。不要为一时的差距而发火、沮丧，停滞不前，让美好的时日在自己不满、不甘的牢骚中虚度而去。要知道时不我待，青春年华更是弥足珍贵。

要求完美，但不吹毛求疵。不要带给自己和他人太多的压力。

怎样让自己拥有享受幸福的个性呢?

1. 决心

决心是最重要的积极心态，是决心在决定人的命运。

决心，表示没有任何借口。改变的力量源自于决定，人生的道路就取决于你做决定的那时刻。

2. 企图心

企图心，即对达成自己预期目标的成功意愿。

人人都想成功，但要想成功，仅仅靠希望是不够的。大部分人都希望自己成功，而不是一定要成功。他们对成功的企图心不是那么强烈。一旦遇到瓶颈，要作出牺牲时，他们就会退而求其次，或者干脆放弃。

所以，要成功，你必须先有强烈的成功欲望，就像你有强烈的求生欲望一样。

3. 主动

被动就是将命运交给别人安排，消极等待机遇降临，一旦机遇不来，他就没办法。凡事都应主动，被动不会有任何收获。被动的人有一点是可取的，那就是他主动将机遇交给别人。

中国有一句古话：枪打出头鸟。这句话保护了一大批精明人士免遭枪打，但同时也造就了无数弱者和懦夫。现在是市场经济，现代社会是竞争的社会，竞争的本质特性就是主动地去获取机遇。如果只是被动地等待机遇的降临，那就必定一无所获。

4. 热情

没有人愿意跟一个整天无精打采的人打交道，没有哪个上司愿意去提升一个毫无工作激情的下属。一事无成的人，往往表现的是前3分钟很有热情，而成功是属于最后3分钟还有热情的人。成功是因为你对你所做的事情充满持续的热情。

5. 爱心

内心深处的爱是你一切行动力的源泉。

缺乏爱心的人，就不可能得到别人的支持，失去别人的支持，离失败就不会太远了。

没有爱心的人，不会有太大的成就。你有多大的爱心，就决定你有多大的成功。

6. 学习

信息时代的核心竞争力，已经发展为学习能力。信息更新周期已经缩短到不足5年，危机每天都会伴随我们左右。所谓逆水行舟，不进则退，是因为对手也在学习，也在进步。唯有知道得比对方更多，学习的速度比对手更快，才可能立于不败之地。

7. 自信

什么叫自信？自信不是你已经得到了才相信自己能得到，而是还没有得到的时候就相信自己一定能得到的一种态度。

建立自信的基本方法有三：一是不断地取得成功；二是不断地想像成功；三是将自己在一个领域取得成功的"卓越圈"运用神经语言的心理技术，移植到你需要信心的新领域中来。

8. 自律

自律就是要克制人的劣根性。不能自律的人，迟早要失败。很多人成功过，但是昙花一现，根本原因就在于他缺乏自律，忘记了自律。

自律，是人生的另一种快乐。

9. 顽强

成功有三部曲：第一，敏锐的目光；第二，果敢的行动；第三，持续的毅力。用你敏锐的目光去发现机遇，用你果敢的行动去抓住机遇，用你持续的毅力把机遇变成真正的成功。

10. 坚持

假使成功只有一个秘诀的话，那就是坚持。有一句名言：凡事只要你成为专家，一切都会随之而来。只要你坚持做成一件事，今天你所放弃的，明天都会以另一种形式得到。

幸福女人的幸福秘诀，不妨你也学一学。

（1）多读书，多思考。要知道"性格决定命运，知识改变性格"。

（2）时尚杂志的数量最好不要超过日常读物的40%，因为你不可能永远是个小女孩儿。

（3）有几个红颜知己和蓝颜知己，很纯粹的那种，可以陪你疯、陪你笑，会让你觉得无比轻松。

（4）懂得有所为有所不为，知道自己在做什么并能为自己负责。

（5）没有什么大不了的矛盾，最好不要把分手挂在嘴上，尤其是你想以结婚为归宿的话。

（6）拥有好心情，消除对自我的过分关注。不过多地为负心的男人伤心，因为伤心最终伤的只是自己的心。

（7）热爱工作，但不要顺带也热爱上老板。

（8）不要试图让男人去等你。男人的耐心很浅，经不起女人的一波三折，让所有的爱与不爱轻松一点，让你的性格大气一些，总是好的。

（9）不耗心计地喜欢很多人，尽可能地带着安全感面对生活。

（10）尊老爱幼，不管工作有多忙、约会有多忙，都要"常回家看看"，哪怕只是很短的时间。

（11）学会承受痛苦。有些话，适合烂在心里；有些痛苦，适合无声无息地忘记。

（12）有一个最少2年内需要达成的目标。有目标的人生不会太无聊。

（13）不要对无关的美丽女人心生嫉妒或不满。你可以赞叹，然后对自己说："我也值得如此美丽。"

健康存折：不懂健康，难做美丽女人

现代女性的身体很多都处于亚健康状态，在你努力挣钱的时候，是否注意到了你的身体健康指数呢？是否注意到这个革命的本钱是正数还是负数？财富是很多人一生努力追求的目标，但如果身心不健康，再多的金钱都是虚幻的，因为你没有办法使用它。所以，女人，在你拼命地积累财富的时候，别忽略了身体这个为你继续赚钱的本钱。

看看你的健康多少分

身体健康包含了两个方面的含义：一是指主要脏器无疾病，人体各系统具有良好的生理功能，有较强的身体活动能力和劳动工作能力，这是身体健康的最基本的要求。二是指对疾病的抵抗能力，即维持健康的能力。有些女人平时没有疾病，身体也没有不适感，经过医学检查也未发现异常状况，但当环境稍有变化，或受到什么刺激，或遇到致病因素的作用时，身体机能就会出现异常，说明其健康状况非常脆弱。能够适应环境变化、各种心理生理刺激以及致病因素对身体的作用，才是真正意义上的身体健康，才能更美丽。

世界卫生组织认为现代人身体健康的标准是"五快"。

1. 吃得快

吃得快是指胃口好。什么都喜欢吃，吃得香甜，吃得平衡，吃得适量。不挑食，不贪食，不零食。吃得快，当然不是指吃得越快越好，而应做到细嚼慢咽，使唾液充分分泌，这样可以减轻胃的负担，提高营养吸收率，也能减少癌症的发生。

2. 便得快

便得快是指大小便通畅，胃肠消化功能好。良好的排便习惯是定时、定量，最好每天1次，最多2次。起床后或睡眠前按时排便，每次不超过5分钟，每次排便量250~500克，说明肛门、肠道没有疾病。假如便秘，大便在结肠停留时间过长，形成"宿便"，有毒物质就会吸收得多，引进肠胃自身中毒，出现各种疾病，甚至可能导致肠癌。

3. 睡得快

睡得快是指上床后能很快入睡，且睡得深，不容易被惊醒，又能按时清醒，不靠闹钟或呼叫。醒来后头脑清楚、精神饱满、精力充沛、没有疲劳感。睡得快的关键是提高睡眠质量，而不是延长睡眠时间。睡眠质量好表明中枢神经系统兴奋、抑制功能协调，内脏无病理信息干扰。睡眠少或睡眠质量不高，疲劳得不到缓解或消除，会形成疲劳过度，甚至出现疲劳综合征，降低免疫功能，产生各种疾病。

4. 说得快

说得快是指思维能力好。对任何复杂、重大的问题，在有限的时间内能讲得清清楚楚、明明白白，语言表达全面、准确、深刻、清晰、流畅。对别人讲的话能很快领会、理解，把握精神实质，表明思维清楚而敏捷，反应良好，大脑功能正常。

5. 走得快

走得快是指心脏功能好。俗话说"看人老不老，先看手和脚""将病腰先病，人老腿先老"。加强腿脚锻炼，做到活动自如、轻松有力，不要事事时时离不开车，不要忘记腿是精气之根，是健康的基石，是人的第二心脏。

这几条标准虽然内容简单，但要真正做到却并不容易。

只有身体健康才能说美，女人的美丽是灵性加弹性——拥有活生生的肉体健康的女人，才会永远吸引男人的目光，也才会成为社会生活中最美的风景。

但是，一些不健康的生活方式正在吞噬着女性的健康，特此提醒爱美女性们注意。

1. 盲目减肥

爱美之心，人皆有之，时髦女性尤其如此。许多人千方百计想减掉自己体内多余的脂肪，减肥茶、减肥餐、运动健身等各种各样的减肥措施令人眼花缭乱。还有的减肥者想速见成效，于是拼命节食，结果是体重减轻了，身体却垮了。

女性追求完美体形的愿望是可以理解的，但不可盲目地为了减肥而过量运动。人的身体是需要适应和调整的，关键不在于你运动了多少，而是贵在坚持。每天抽出5分钟锻炼也比1个月或几个月疯狂运动一次好，而且运动过量还容易使肌肉损伤。

2. 冬季"要风度不要温度"

在寒冷的冬季，很多人都已穿上棉服、羽绒服，而一些爱美女性却仍然身着短裙，里面穿一条水晶长筒丝袜，俨然一副夏天的打扮。大部分穿裙子的女性不是不觉得冷，而是因为觉得这样才"美"。这样的打扮确实是时髦，但却给健康带来了隐患。

在寒冷的季节，穿裙子会使膝盖的温度过低，膝关节受到刺激就容易引发关节炎，使膝关节的关节软骨代谢能力减弱，免疫能力降低，还会造成对关节软骨的损害，形成创伤性关节炎，引起膝关节肿胀和膝关节滑囊炎。

3. 穿戴上的"好看不好受"

爱美是女人的天性，但若为了外表的光鲜亮丽，在穿戴上"虐待"自己，迷恋又细又高的高跟鞋、又小又紧的内裤和胸衣以及质量低劣的首饰等，长此以往，美丽的背后将付出健康的代价。

在这些服饰中首当其冲的便是高跟鞋。

高跟鞋问世以来一直备受女性的青睐，但鞋跟在7厘米以上的高跟鞋会使人体重心前移，给膝关节造成压力，而膝部压力过大是导致关节炎的直接原因之一。另外，趾骨也会因为负担过重而变粗。除此之外，过高的高跟鞋还会造成跟腱和脊椎骨变形。

有些追求身材完美的女性片面注重束身效果，经常穿着又小又紧的内裤，这样不仅会感到浑身不舒服，而且也会影响到血液流通，并使局部肌肉因为不透气、汗渍而发炎。

还有的女性喜欢穿收腹裤，这种衣服长时间穿在身上会引起心口灼热、心跳加快、头晕、气短等不适现象，甚至会出现心口疼痛。

女性如果每天长时间地穿着又紧又窄的胸罩，则会影响乳房及其周围的血液循环，使有毒物质滞留在乳房组织内，增加患乳癌的可能。

各类金属首饰，除了纯金（24K）的以外，其他的在制作过程中一般都要添加一定量的铬、镍、铜等，特别是那些价格较为低廉的合金制品，其成分则更为复杂，女性细嫩的皮肤戴上这类材料的首饰很容易受到伤害。

4. 职场女性的健康隐患

（1）化妆过浓。职业女性由于工作需要，适当的化妆是必要的，但切忌浓妆艳抹。目前市场上出售的化妆品无论多高档，还是化学成分居多，含有汞、铅及大量的防腐剂。不少女性把美容的希望寄托于层出不穷的化妆品上，而忽略了自身的健康。化妆品中的化学成分会严重刺激皮肤，粉状颗粒物容易阻塞毛孔，减弱皮肤的呼吸功能，产生粉刺、黑头等皮肤问题。

（2）超负荷工作。在职场中，竞争越来越激烈，职业女性的工作节奏也日趋紧张，精神压力也越来越大，但精神上和身体上的超负荷状态对健康是非常不利的。如果不注意休息和调节，中枢神经系统持续处于紧张状态就会引起心理上的过激反应，久而久之可导致交感神经兴奋性增强，内分泌功能紊乱，从而产生各种身心疾病。

（3）饮茶过浓。很多职业女性有饮茶的习惯，茶可消除疲劳、提神醒脑，从而提高工作效率。但茶中的茶碱是一种有效的胃酸分泌刺激物，长期胃酸分泌过多，可导致胃溃疡。所以，职业女性切忌饮茶过浓，饮茶前最好在茶中加入少量的牛奶、糖，以减轻胃酸对胃粘膜的刺激。

（4）吸烟过多。很多职业女性以抽烟为时髦，而不知道烟草对女性健康的严重危害。有数据表明：吸烟女性心脏病发病率比不吸烟女性高出10倍，绝经期提前1~3年，孕妇吸烟导致产生畸形儿的几率是不吸烟者的25倍。另外，青年女性吸烟还会抑制面部血液循环，加速容颜衰老。

（5）饮酒过度。职业女性在工作中总会遇到一些不顺心的事，有些人就采取借酒消愁的方式，还有的女性把喝酒当成现代生活方式中的一种时髦行为。其实，借酒消愁愁更愁，喝酒不仅解决不了问题，还会使大量的酒精进入人体，导致神经系统受损，给自身健康带来很大危害。

（6）营养不良。职业女性为了节省时间，也为了免除麻烦，经常买快餐食品充饥，如方便面、面包、各种糕点饼干等，或是在小食堂买一个肉夹馍、烧饼了事。这种做法对于工作来说，可称得上是快省，但身体却会受到很大的伤害，时间长了会导致营养不良。

5. 优秀单身女人的"孤独症"

据统计，美国某州2年内每10万人中死于心脏病的共有775人，其中结婚的为176人，而独身者（指未婚和离婚者）却有599人，后者是前者的3倍多；在122个自杀者中，17人是有家眷的，105人是独身者，后者是前者的6倍多。这说明，孤独在一定程度上已成为人类健康的杀手。

现代社会，单身女人越来越多，尤其是高学历、高能力单身女人的人数日趋上升。许多男人认为：高学历、高能力的女性整天忙于事业，不懂生活情趣，跟这样的女人组建家庭，婚后的日子肯定会像一杯白开水似的，淡而无味。还有一些男人认为在能力强的女性面前，显得自己无能、渺小，不仅感到自卑，而且缺乏安全感。因此，出于男性的自尊心理，他们不愿选择高学历、高能力的女性为伴，这使得更多高学历、高能力的女性选择了独身。

美国心理学家林奇说："孤寂生活本身会慢慢而必然地伤害人的肌体，向着人的心脏冲刺……"

单身女人在工作中要不辞劳苦，在生活中还要面对着周围人投过来的无法理解、不可思议的目光，这种孤立于友谊和家庭之外的生活方式，使人患病和死亡的可能性大大增加。孤独对死亡率的影响，同吸烟、高血压、高胆固醇、肥胖和缺乏体育锻炼一样大。

年轻不是你透支健康的借口

人在年轻的时候，都不拿健康问题当回事，殊不知，很多看似无关紧要的习惯和做法已经给自己的未来埋下了无数健康隐患，说不定就是你现在的一个小错误，白白让阳寿减了几年！

犹记得当年20岁出头，风华正茂，你认为自己的活力永远也不会枯竭。时过境迁，如今的你已经成为了普通人中的一员：和别人一样背负着偿还贷款的压力，更多的精力都用于筹划各类家事，至于休闲娱乐早已沦为偶尔为之的奢侈。

这时候你恐怕就会开始忧心年轻时候不计后果的潇洒会不会突然间给自

己来个逆袭？饮酒、蹦迪、日光浴，这些看似年轻标志的活动究竟会给日后的身体健康带来哪些威胁？

1. 反复减肥

医学界过去曾经认为反复减肥会导致新陈代谢紊乱、肌肉密度降低，甚至猝死，尽管目前的研究对上述结论已呈现否定趋势，但反复减肥、增肥对于健康的影响亦不容乐观。近来华盛顿医学中心的研究显示：反复减肥会使人体的长期免疫力下降。尽管尚未找出具体原因，但研究人员发现反复减肥会降低细胞活力和对抗感冒、感染和早期癌细胞的能力。

对于体重超标的人来说，减轻4.5千克体重就可以降低高血压和糖尿病的发病率，减掉多余的脂肪当然要比拖着一身赘肉健康潇洒，但关键在于如何保卫自己的减肥成果。首先，必须找出肥胖的原因，摒弃过去不健康的生活方式和习惯；其次，采取实际行动，根据营养学家的建议和自己的接受能力科学减肥、快乐减肥——既要控制过量的饮食，又要保证每日人体所需各种营养的摄入量。再次，定期运动既能够减轻人体压力还能够促进脂肪燃烧，让减肥的效果更显著、更持久。最后一点，无论多好的减肥方法都需要减肥者持之以恒的毅力来配合。

2. 酷爱日光浴

很多女人都认为日光浴不但能给自己带来迷人的肤色还有益健康。但是千万别小看阳光的厉害——频繁或时间过久的日光浴也可能导致皮肤癌和提前衰老（如色斑、皱纹、皮肤松弛和毛细血管破裂等）。尽管没有人能够证明日光浴本身与皮肤癌有多大程度的直接因果关系，但研究表明那些有曾经被日光灼伤经历的人罹患黑素瘤（皮肤癌中死亡率最高的一种）的几率要高于其他人。最近的一项研究显示，在所有喜欢日光浴的人群中，白色人种的人罹患黑素瘤的可能性高出其他人群3倍之多。从日光浴的方式来说，"人工"日光浴的伤害性更大一些，因为皮肤会在短时间内吸收相当集中的紫外线。

从被日光灼伤到病发皮肤癌，其间可经过一个10～30年的潜伏期。因此如果你在小时候曾经被阳光灼伤过，那么现在必须提高警惕。每个月检查一下自己全身的皮肤，看看有没有新的痣记出现，有没有老的痣记变色、变形，如果你发现任何可疑症状应立刻就医。同时，如果你身上的痣记较多或经常晒日光浴的家人中有人曾罹患皮肤癌，那么你也应该每年做一次专业的皮肤检查。当然，还有最基本的一点：在未涂抹防晒油的情况下再也不要接受阳光直射。

3. 经常处于嘈杂的环境

年轻时酷爱摇滚乐的你会发现自己的听力大不如前。经常处于嘈杂的环境容易造成听觉系统对中波声音接收能力的下降，有时候听不清别人所说的话，周围有噪音的时候情况尤甚。随着年龄的增长，人们继而会对更高波段的声音反应迟钝，也就是说，听高音调声音如门铃、电话的能力降低。

听力的丧失是无法挽回的。但是我们可以采取行动避免听力的继续下降。比如，看电视、听音乐时，刻意将音量放小一点儿，在使用吸尘器等噪音较大的电器时带上耳罩等。如果耳边经常嗡嗡响，说明你可能患有耳鸣症，对于那些喜欢大声放音乐的人来说，这是一种常见病。虽然没有根治的办法，但如果出现此症状还是应该及时就医，以便排除患其他病症的可能性，并了解缓解症状的方法。

所以，年轻的女性朋友们，要想让你的一生过得富足健康，就不要早早地透支身体，真正富有的人不是拥有钱财最多的人，而是拥有财富且身体健康的人。

吃好、锻炼、休息、保养

如果从今天开始，你发现以前太忽视你的身体了，那么从现在开始，呵护你的身体，就像呵护一个孩子一样的精心、温柔。

呵护身体，分为四个步骤：吃好、锻炼、休息、保养。

1. 吃好

呵护你的身体，就要从给予营养开始，也就是说要吃好，当然也包括喝好。吃好并不是说要给自己的身体补充什么特殊的营养。所谓吃好，就是营养要全面，无论是维生素还是其他的微量元素，都要充足。怎么样才能充足呢？很简单，不要挑食、不要节食、不要费尽心机地去吃那些反季节蔬菜，而应该多吃当地、当季盛产的蔬菜。比如说大豆、花椰菜、胡萝卜、白菜等，不要小看这些蔬菜，它能为我们的身体提供大部分的营养。

当然，吃好还包括要吃好主食。主食包括面、米饭、粗粮等。特别是粗粮，很多人并不喜欢吃，可是不喜欢吃并不表示你的身体不需要。我们的身体需要的微量元素很多都是从这些粗粮中摄取的，如维生素、微量金属元素等。

还有一点就是要多吃水果，它不仅能为身体补充水分，还能为身体提供很大一部分蔬菜中没有的维生素。当然也不必要去吃那些反季节的水果，还是遵循那个原则，吃当地当季盛产的水果，即便是土豆、地瓜也可以。吃什么不是问题的关键，关键是你要吃，要让身体的营养达到平衡。

吃好，最重要的一点就是要按时进食。不能让自己的身体饥一顿、饱一顿的，这是在折磨自己的身体。对于那些要减肥的人，更要提醒一句：少吃不是减肥的好方法，相反，如果你的身体处于一种饥饿状态，那么它就会自动将一切能转化成脂肪的能量全部转化成脂肪。这样看来很多人减肥其实是南辕北辙，不但不会减少身体中脂肪的消耗，反而会导致身体脂肪的增加，同时也会给身体带来很大的伤害。仔细想想，这又是何必呢？

2. 锻炼

呵护自己的身体，除了要吃好，还要积极进行锻炼。这种锻炼不是"三天打鱼，两天晒网"，讲究的是一个有规律的坚持。如果每周能坚持至少三次锻炼，你的体质就会大大地增强，锻炼还能减少脂肪、预防疾病、缓解压力和紧张感。

锻炼，要选择适合自己的运动，只有适合自己的运动才是真正的锻炼，否则一切都是空话。要么锻炼强度太大，伤害了身体；要么锻炼强度太低，根本就达不到锻炼的效果。

当然，说到锻炼很多人就推说自己没有时间。之所以会这样说，是因为还没有明白一个道理：锻炼并不一定要在健身房里进行，我们随时随地都可以进行锻炼。比如说可以少乘一次电梯，而选择走楼道；比如说可以选择骑自行车去郊游，而不是开车去；比如说可以在晚饭过后和一家人出去散散步，而不是窝在家里看电视或者上网；甚至在电视换台的时候可以起身去换，而不是用遥控器……要知道，锻炼是一种全时段性的，不是只有在健身房和健身器材接触的时候才是运动。

资料显示，那些不经常锻炼的人在晚年得病的几率远远超过那些经常锻炼的人，如果你经常锻炼，那么你得病的几率将下降30%。

3. 休息

锻炼之后的一个步骤是休息。休息对于身体来说不仅是一件好事情，更是一件必要的事情。谁都知道自己必须休息好，否则就没有精神，可是现代社会谁又能真正睡好呢？为了工作，为了应酬，每天早出晚归；因为计划，因为时间，我们总是把自己搞得筋疲力尽。最终就是一年到头都没有睡过一天的好觉，不仅剥夺了身心自我修复的机会，还欠下了很多休息的债。

一说到休息，年轻人可能会说，趁现在年轻，多拼几年，到时候再慢慢休息。乍听起来这样的话很提气，可是仔细想想，这样的生活方式可取吗？一般来说，35岁以后，即便是非常健康的人也会因为压力和焦虑造成睡眠问题，更不用说那些处在更年期的人们。从这一点说，人再健康至多年轻到35岁，那么，我们到底能年轻几年呢？

因此为了能使自己长久地处于一种年轻状态，足够的休息是必要的，千万不要被传统的言论所蒙蔽，将以后的年轻提前用完。

按时睡觉，安心睡觉，争取周末，争取一切休息的机会，而不是把空闲时间花在网络或者是电视、商场购物上面。

4. 保养

呵护身体的最后一个步骤是保养。身体其实并不需要很好的保养，但这个前提是你一直以来都善待它。就像一台机器一样，只有平时善待它，它才能将自己的效率提高到最大，并且尽可能地不出现故障。

越来越多的人不注意保养自己的身体，甚至连最基本的例行检查都没有，等到发现疾病的时候已经是病入膏肓了，即便医学再发达，也挽回不了。

关注健康，拥有健康，女人才会享受到幸福美好的生活。

女人每天必做的8件事有：

（1）每天两杯白开水。女人是水做的，充足的水分是女人健康和美容的保障。女人若缺水，就会使她们的身体过早衰老，皮肤因缺水而失去光泽。女人的代谢慢，消耗也低，如果喝水比较少，就会使身体和皮肤的问题同时出现。

女人应该做的是：每天至少两杯白开水，早晚各一杯。早上的一杯可以清洁肠道，补充夜间失去的水分，晚上的一杯则能保证睡觉时血液不至于因缺水而过于黏稠。血液黏稠会加快大脑的缺氧、色素的沉积，使衰老提前来临。

（2）一片多种维生素复合片。为了减肥而节食的女人在现代社会中比比皆是，这样就难以保证身体获得充足的营养。所以，每天补充必需的维生素和微量元素是现代女性保健之必需。女人可以选择多种维生素的复合剂，比如"施尔康"。

女人年龄超过30岁时，为延缓衰老的到来，维生素C、E是必须补充的，可以选择"维生素EC合剂"。它们可以中和侵袭人体皮肤组织的自由基因，对皮肤起保护作用。为了防止骨质疏松，女人从30岁开始就应该每天服用一定的钙剂，以乳酸钙、柠檬酸钙为好。

（3）一杯醋。醋在女人生活中发挥着非常重要的作用，每日三餐中摄入的食用醋可以延缓血管硬化的发生。除了饮食之外，在化妆台上加一瓶醋，每次在洗手之后先敷一层醋，保留20分钟后再洗掉，可以使手部的皮肤柔白细嫩。如果自来水水质较硬，可以在洗脸水中稍微放一点醋，就能起到很好的养颜护肤作用。

（4）一杯酸奶加一袋鲜奶。女人是最容易缺钙的，而牛奶中含钙量很高，其补钙效果优于任何一种食物，特别是酸奶，更容易被人体吸收。所以，女人应每天保证喝一杯酸奶。另外的一袋鲜牛奶，则是为美容准备的。

如果每星期能够选1天去做个"桑拿浴"，蒸去皮肤表层的脏东西，不但能美容，而且又能保养皮肤。其中牛奶就是最便宜又是最有效的美容面膜。在桑拿室中蒸10分钟后，用鲜牛奶涂抹全身保留半小时，待洗浴结束后再冲掉，经过牛奶浴的皮肤会明显地细嫩起来。最重要的是，这样美容的全部价格不会超过15元。

（5）一瓶矿泉水。名副其实的矿泉水中含有的微量元素和矿物质是皮肤最需要的。清洁脸部后仰卧，用矿泉水浸湿一块干净的纱布，然后敷在脸上，等到纱布变干后再次浸湿。如此反复进行，就等于给面部做了一次微量元素的营养补充。

（6）一袋茶叶。茶，女人是一定要喝的，对于那些想要减肥的女人来说，茶是最天然、最有效的减肥剂，其中以绿茶和乌龙茶最好，再没有什么比茶叶更能消除肠道内淤积的脂肪了。另外，便秘的女人可以每个星期饮用2~3次缓泻茶，保持大便每天通畅，是女人保健的关键。

（7）一个西红柿或一片维生素C泡腾片。在水果和蔬菜中，西红柿是维生素C含量最高的一种，女人每天至少应保证摄入一个西红柿，以便满足一天所需的维生素C。如果因各种原因办不至，则至少要每天喝一杯用维生素C制成的泡腾片饮品。要注意，泡腾片溶解后要立即喝掉，否则其氧化的速度很快，水中的维生素C也就失效了。

（8）一个简单的面膜。在每天晚上临睡前，女人应该做一个简单的面膜。面膜的作用就是将沉积在面部的脏东西消除掉，给皮肤作一次彻底的清洁，然后涂上护肤品，从而使晚间的皮肤得到最好的修复。

心理健康才是真健康

心理健康才有身体的健康。30岁的女人正处在人生中压力最大的几年，上有老下有小或者准备当妈妈的女人一般都很紧张。如果这个阶段你的心理健康出现问题，不仅仅对自己影响巨大，而且还会影响到整个家庭的幸福。

在充满竞争的现代社会里，如何才能扬长避短，保持心理健康呢？

第一，应该对竞争有一个正确的认识。有竞争，就会有成功和失败。但关键是正确对待失败，要有不甘落后的进取精神。

第二，对自己要有一个客观的、恰如其分的评估，努力缩小"理想我"和"现实我"的差距。

知人虽难，知己更难。自我认识的肤浅，是心理异常形成的主要原因之一。

有些女性对环境过分依赖，对自己的能力没有做出正确判断，经过竞争中的多次失败，由此认为："你行，我不行。"于是束缚自我、贬抑自我，结果焦虑剧增，以致最后毁了自己。

还有些女性能够对自己的动机、目的有明确的了解，对自己的能力有适当的估价，从不随意说"我不行"，也不无根据地说"不在话下"。她们对自己充满自信，对他人也深怀尊重，她们认为在认识自己的前提下，是没有什么不可战胜的，最后她们取得了成功。

接受现实的自我，选择适当的目标，寻求良好的方法，不随意退却，不做自不量力之事，才可创造理想的自我，避免心理冲突和情绪焦虑，使人心安理得，获得心理健康。

1. 面对现实，适应环境

能否面对现实是心理正常与否的一个客观标准。心理健康的职业女性总是能与现实保持良好的接触。她们能发挥自己最大的能力去改造环境，以求外界现实符合自己的主观愿望；在力不能及的情况下，她们又能另择目标或重选方法以适应现实环境。

在现实生活中，职业女性应有"走自己的路，让别人去说吧"的精神，若总是人云亦云、随波逐流，便会失去自主性，焦虑也就由此产生。所以无论做人还是做事都必须有自己的原则。

此外，职业女性也应该注重朋友的忠告。自以为是、我行我素，只会落得形影相吊、无人理睬的境地。如果一个人的想法、言谈、举止、嗜好、服饰等，总是与别人差别太大，或与现实格格不入，又如何能获得心理健康呢？

2. 结交知己，与人为善

乐于与人交往，和他人建立良好的关系，是职业女性心理健康的必备条件。拥有良好的人际关系，不仅可以得到帮助和获得信息，还可使自己的苦、乐和能力得到宣泄、分享和体现，从而促使自己不断进步，保持心理平衡、健康。

3. 努力工作，学会放松

工作的最大意义不限于由此获得物质生活的报酬，而是它能表现出个人的价值，获得心理上的满足，能使人在团体中表现自己，提高个人的社会地位。

但是，生活节奏加快、工作忙碌而机械，不少职业女性情绪长期紧张而又不善于放松调整，也成了心理异常的一个原因。职业女性要合理地安排休闲放松的时间，经常改换方式，如郊游、聚会、参观展览等，也可参加一些社会性的活动，使节假日更为丰富多彩。

健康的财富效应

一个年轻人因为自己的贫穷悲伤不已。一位八旬的老翁对他说："小伙子，不要悲伤，你至少有100万元，只是你自己不知道罢了。"小伙子很奇怪，问道："我怎么会有100万元呢？"老翁反问："我剁掉你的一根手指，给你1 000元，你干不干？""不干！"小伙子毫不犹豫地说。"要是我砍断你一条腿，给你1万元，你干不干？"老翁又问。"不干！"小伙子照样斩钉截铁地说。"那要是让你立刻变成像我这么老，给你10万元，你干不干？"老翁再次问道。"还是不干！"小伙子回答。"要是给你100万元，你立刻就得死掉呢？"老翁最后问。"那怎么能行？"小伙子答道。"是啊，就算你有100万元，如果你没有健康、没有生命，钱对你来说又有什么意义呢？记住：如果你有100万元，那么你的健康就是前面的'1'，没有它，后面再多的'0'也没有意义。"

是啊，如果健康已经没法用钱来买或没法用钱来维持，再多的钱又有什么意义呢？古今中外，大凡成功者对健康的重要性都体会颇深。

高尔基说过："健康就是金子一样的东西。"保持健康，这是对自己的义务，也是对社会的义务。

人活在世上，有许多财富，健康应该是第一财富。因为失去了这种财富，其他所有的财富都没有依存的基础，很多人对这个问题看不透。现在，一些人为了赚钱而奔波，因为他们相信财富可以使人快乐；然而，拥有财富却不一定拥有健康，并不会真的幸福。少了健康，任何财富都一文不值；有了健康，我们就可以重新找回美貌、金钱、荣誉、诚信、机敏、才学。这时，健康便成了唯一的见证人。

健康既是一种可计算的财富，又是一种不可计算的财富。健康的身体和心态可以为我们节省一大笔用于治疗的费用。保持健康，可以使我们远离疾病的困扰，不仅节省了医疗资源，还可以创造出更多的财富。世界首富微软公司的创始人比尔·盖茨就曾表示，就他本人而言，健康比财富更重要。他说："虽然计算机技术是一个非常有吸引力的领域，该领域的发展十分重要，然而与健康相比，财富和高技术都只能名列其后。"

所谓健康，就是在心理、精神和身体上都达到完善状态。知识需要积累，财富需要积累，健康也需要积累。从某种意义上说，积累健康比积累财富、知识更为重要。世界卫生组织指出，一个人的健康长寿，60%取决于自己，另外40%才取决于遗传基因、医疗条件等。面对如此脆弱的生命，我们怎么可以不认真把握住属于自己的那60%的权力呢？

真正富有的人不是拥有钱财最多的人，而是拥有财富且身体健康的人。

发达国家和地区的豪富们不比阔气比健康，这令人深思。在美国，多数实业家认为，一个人无论有多高的权势、地位和名气，只有当他们保持普通人的心态、拥有正常人的健康时，才会有真正的快乐。一些企业老板最忌讳炫耀财产，很注意养生保健。在日本，清心寡欲、俭朴自然之风正吹遍这个昔日以"工作狂"出名的岛国。在我国，20年前，大老板们聚在一起，不是比坐骑，就是比手上的宝石、身上的衣服；如今，他们比的是谁的血脂、血压、血糖、胆固醇低，谁的腰围没超标。由此可见，拥有健康的人生已成为现代人最大的需求。

有健康即有希望，有希望即有一切。拥有健康，就是拥有世间最宝贵的财富，取之不尽，用之不竭，快乐也因此而生。

聪明的女人，会挣钱，爱工作，更要会休息。人如果像机器一样，无休止地运行只会死机。

认识到健康的重要性，薪水族还要了解下面八种影响健康的因素，尽量选择健康的生活方式：

（1）工作紧张、知识更新、信息过量引起精神焦虑。

（2）环境污染影响着代谢平衡。

（3）药物滥用、各种食品添加剂、农药残留物等直接摄入人体消化系统，严重威胁身体健康，全国频频发生食物中毒事件，隐患数不胜数。

（4）在市场经济条件下，竞争加剧，导致相当一部分人心态浮躁、心理扭曲，另一部分人呈弱者心态、阿Q精神，致使人们精神心理失衡。

（5）过度疲劳，过分透支体力，免疫力下降，亚健康状态人群明显增多，甚至占职业人群的60%~70%。久而久之，疾病也就从量变转变为质变，甚至酝酿成重症、绝症。

（6）不良生活方式。社会上一部分人"五毒"俱全。吃：吃出的问题很多，营养不均衡，暴饮暴食或无节制减肥；喝：酒精过量，养成依赖性，甚至酗酒；嫖、赌：性生活杂乱，玩乐过度，导致某些疾病传播；抽：大焦油量香烟泛滥，几乎与毒品等同。

（7）身体素质，包括遗传因素。现代医学发现有7 000多种遗传性疾病，另外，人的性格、体形、生活习惯等致病因素也都有遗传倾向。

（8）感染性疾病、交通事故、意外伤害等因素。

第五章 学会经营自己，获取迈向财富的通行证

女人要学会经营自己，让自己更优秀、更出色。还要保养自己，让自己看起来更美丽、更动人。女人的智慧，一方面表现为见识；另一方面表现为知识。见识是指能够观察，审时度势，平衡心态，把握机会，能进能退；而知识则是见识的基础，是学习的积累，是一些管理的基本功。

明眸善睐是养出来的

美丽的容貌谁都希望拥有，可事实是并不是谁都能拥有，原因就是很多人并不知道怎么样才能把自己的容貌养出来。一个漂亮的容貌到底需要什么，不需要什么？

1. 甩掉眼尾可恶的细纹

美丽的容貌除了不能有熊猫眼之外，同样也不能让细纹占据底盘，特别是眼尾纹，它总是在不知不觉中透露你的年龄和经济状况。那么到底要如何才能让眼尾细纹消失呢？最常用的方法就是搽眼霜和敷眼膜。

虽然很多人经常用这种方式来去除眼纹，可是很多人并不知道正确的涂抹方式是怎么样的。台湾"美容大王"大S对付眼纹有这样一招：下眼皮用中指指腹慢慢地往外推，不能往内，要轻轻地，千万别太用力，否则会使眼皮变形，力道的微妙只有你自己最清楚；上眼皮则是从眼尾推向眼头。简单来说，就像以眼头为起点，逆时针绕一个圈圈。

还有一种方法就是冷水洗脸，无论天气多冷都要坚持，这样做有两个好处，除了减少眼角的细纹之外，还会让皮肤看起来比较白。除了这些之外，还有一个就是远离阳光，因为紫外线不仅会让你的皮肤受到伤害，还会让你的皮肤长小细纹，因此如果没有必要，必须远离。

2. 脸上不要挂着黑眼圈

熊猫虽然可爱，但是如果把它的眼睛放在你的脸庞上，一定会让你的容颜失色。黑眼圈已经成为爱美之人痛切的话题之一。更为可恶的是这些黑眼圈很多时候并不知道是由什么引起的，一般来说，鼻子过敏的人、睡眠质量不好、失眠或常常熬夜的人，都会出现烦人的黑眼圈。

那么，面对这些烦人的黑眼圈，我们就变得束手无策了吗？不是。解决黑眼圈最好的方法是睡美容觉，当然这种方法对于鼻子过敏的人效果不是很明显。据美容专家介绍，美容觉的黄金时间是晚上11点到第二天凌晨3点。如果你真的想让自己的熊猫眼彻底消失，那么你就请1个星期的假，睡上1个星期，烦人的熊猫眼就会神奇地自动消失，很多时候眼袋也会自动消失，虽然很多人说不出这样做的原理何在，不过效果却是确确实实的。

当然，想要告别黑眼圈并不是只有睡觉一个方法，敷眼膜、搽眼霜也是一种好方法，同样能改善黑眼圈，只不过这种方法只是一种外在的改善手段，只能暂时将你的黑眼圈变淡。如果要想彻底去除黑眼圈，还是需要内在的调理，保证充足的睡眠，让自己变得放松一点，即便你再忙，也要争取在晚上11点之前上床睡觉，最晚不要超过12点。

还有一种方法比较花费钱，那就是用脉冲光来除黑眼圈，效果也比眼膜和眼霜要好，只不过和眼霜、眼膜一样不能完全消除黑眼圈，因此最好还是选择睡觉，做一个真正的"睡美人"。

3. 金鱼眼的痛苦魔咒

金鱼和熊猫一样很招人喜欢，但它们的眼睛放在你的脸上都不会好看。因此，当你发现哪天你的眼睛变得像金鱼一样，你一定会非常紧张。眼睛肿，原因有好几个，比如说睡觉前喝水太多，或者是比较疲劳，眼睛都可能会肿成金鱼眼。

为了治疗金鱼眼，聪明的人想出很多方法，其中不乏一些偏方。如很多人主张喝薏仁水，或者喝黑咖啡。很多人早上起床如果发现自己眼睛是金鱼眼，就会先喝黑咖啡，脸部的肿很快就会消失，效果非常好，不过黑咖啡对胃并不是很好，并不建议大家这么去做。

最好的方法就是睡觉前少喝水，多多休息，多做运动。

4. 泡澡——漂亮女人的最爱

（1）牛奶浴：肌肤的美丽法宝。

功效：牛奶含有丰富的乳脂肪与维生素、矿物质、天然的保湿能力可使肌肤更年轻、更光滑细致。同时还能改善躁郁、失眠等症状。

方法：将1千克牛奶倒入浴池，搅拌均匀至半透明，浸浴20～30分钟左右，即可达到美容、治愈失眠的效果。

小贴士：对牛奶过敏者慎用。此外，泡澡后需清洗浴缸。

（2）清酒浴：美颜、瘦身同时进行。

功效：从日本兴起的清酒浴，能促进血液循环，深层清洁毛孔内污垢，让肌肤光滑有弹性。

方法：在35℃的温水中倒入4盅清酒，坐在浴缸中，擦拭胸部、手臂以及肩颈部约半个钟头，直到出汗为止，然后再反复擦拭腰部及腿部。

小贴士：皮肤敏感及不适应酒味者慎用。

（3）蜂蜜浴：滋养肌肤，抵抗老化。

功效：蜂蜜能滋养美白肌肤，有效改善皮肤干燥和干裂，还能延缓衰老。

方法：将2大匙蜂蜜加入洗澡水中搅拌均匀，浸泡在蜂蜜浴里的感觉非常独特，能让你重拥少女时代的甜蜜感觉。

小贴士：还可同时放入花瓣等，但花瓣需放在麻布小袋中，以免堵住水口。

（4）柑橘浴：消除疲劳防干燥。

功效：柑橘中富含维生素C，不仅可以预防感冒、滋润肌肤，还能防止出现色斑、荨麻疹等皮肤问题。

方法：把柑橘皮切碎晒干后装入布袋里，放进浴缸中。此外也可以将几个橘子切成圆片状，在浴缸里浸泡半个小时左右。在浸泡同时用手捏揉橘皮，将果汁挤出。

小贴士：敏感肌肤者会有微痛感。

（5）绿茶浴：从内到外抵抗氧化。

功效：绿茶有公认的抗氧化作用，可以增进肌肤抵抗力，紧实肌肤，还能促进排素排水、美体塑形。

方法：将茶水倒入浴缸或浴盆中，补充适量热水至适宜温度时便可入浴。

小贴士：也可将绿茶放入布袋中进行泡浴。旅行途中无泡澡粉时，使用宾馆的袋泡茶叶做替代也可以。

（6）生姜浴：活血瘦身，消退感冒症状。

功效：生姜泡澡可美容，还可以促使血液循环加速、末梢血管活络，达到燃烧脂肪、瘦身的作用。

方法：先将生姜切成薄片，阴干3～4天后加水煮热，隔渣取生姜水。洗澡时加入适量生姜水，泡澡后血气畅通，面色红润。

小贴士：怕麻烦的人，可将干生姜直接捣出汁水后倒入热水。结束后，就有焕然一新的感受。

珍爱自己的"面子"

肌肤是女人的第二张身份证。男人追捧一个女人，并不仅仅看重她的脸蛋、身材，很多时候，美丽的肌肤也占了很大的一部分。爱美之心，人皆有之。如果一个女人说自己不愿给肌肤做保养，总结起来有两个原因：第一个就是没有经济实力；第二就是自认为没有那种胚子，即便再保养，也只能是浪费时间精力。暂且不说保养皮肤会花费多少金钱，就说一个女人的肌肤经过保养之后，有没有可能变得更好。台湾"美容大王"是这么说的："不管你天生长相或者是外表长相条件有多糟，其实只要靠保养，很多底子都可以重新改变，譬如皮肤黑的人经过一段时间保养就可以变成皮肤白的人。"

如果你对自己的皮肤情况一无所知的话，还是先停下来了解一下自己再继续美容吧；否则，用错了化妆品，非但不会起到美容的效果，还可能使脸上出现色斑或小痘痘。

（1）中性皮肤：皮肤毛孔不太明显，皮肤细腻平滑，富有弹性；晨起时察看皮肤油脂光泽隐现，化妆后近中午时刻出现油亮，面部T型区（额头、鼻子及下巴）有油腻；洗发四五天后头发会轻微黏起，并易随季节变化，天冷变干，天热变为油性。如果是这样，你就是中性皮肤。

（2）干性皮肤：皮肤毛孔看不清楚，皮肤无光泽，表皮薄而脆，细碎皱纹多，晨起面部无油脂光泽，化妆后长时间不见油光；洗发1周后，头发既不黏腻也无光泽；耳垢为干性；用手抚摸皮肤感觉粗糙。如果是这样，你就是干性皮肤。

（3）油性皮肤：皮肤毛孔十分明显，大多时间油腻光亮，早晨起来面部油光浮现，而且需要用香皂才易洗清；面部易生粉刺、暗疮，化妆后不超过2小时就面部油腻；洗发后第二天就有黏着现象；耳垢为油性。这种情况你一定归为油性皮肤了。

知道了自己的皮肤类型，到底如何才能保养好自己的皮肤呢？以下给大家罗列一些美容专家的建议和意见。

首先，清洗。这种清洗包括浅层次的清洗和深层次的清洗，也包括通常意义上的清洗和衍生意义上的清洗。无论是哪一种清洗，对肌肤的保养都非常重要，特别是对于那些整天在外面奔波劳累的人来说，清洗更是显得尤为重要。

清洗的第一步就是洗掉皮肤上的脏东西，如灰尘、油脂等。每天回到家，就用温水泡湿自己的肌肤，在完全吸水之后，再用洗面奶等清洗。我们的肌肤每天都暴露在空气、风、烟雾甚至是灰尘中，难免会沾染上一些脏东西，这些脏东西都是附在皮肤表面上的，非常容易清洗，如果长时间不进行清洗的话，这些东西就会堵塞毛孔，让体内的脏东西无法顺利排出，这样就会伤害自己的肌肤健康，那么也就无所谓保养与否了，连最简单的清洗都不能做到，再保养也是无用。

清洗的第二步就是去除角质。角质就像一种保护膜，这种保护膜并不是保护肌肤不受伤害，相反，它是肌肤里面脏东西的保护膜。如果我们不为肌肤去除角质，那么厚厚的角质堆在肌肤上，就会牢牢地把脏东西"扣"在肌肤里，也牢牢地把保养品"挡"在外面，时间一长，肌肤就会变黄，变得没有一点光彩。

这种光彩是真正从肌肤里焕发出来的光彩，有的人想通过化妆来达到这种效果是无用的，到时候还会出现反面的效果。但有一点是肯定的，经常化妆的人同样需要去除角质，甚至化妆和不经常化妆的人相比，显得更为重要。如果有一天你在卸完妆之后发现你的肌肤开始泛黄或者是老化，不要太紧张，它只是在提醒你，该去角质了，去了角质，排出肌肤里的脏东西，肌肤也就能重放光彩了。

清洗的第三步就是去除痘。痘痘基本上每个人都会长，完全不长痘痘的人很少，因此，去除痘痘几乎是每个人都要面对的肌肤问题。如果这种问题没有处理好，不仅会伤害到你的肌肤，还会在肌肤上留下难看的疤痕。

去除痘痘的方法也要根据痘痘本身来定。如果是已经冒白头的痘痘，直接消毒之后挤出来就可以了。可如果是暗疮的话，就有一点麻烦了，因为它不仅仅是红红的一块，还不能完全把它挤出来，清洗干净，过一两天，在原来的地方又会长出一个新的痘痘，如此反复，没完没了。即便终于有一天你将它彻底"消灭"，那么在某天你就会发现，原先的痘痘，现在已经成功"进化"成了一个疤痕。所以，美容专家建议，如果遇到这种痘痘，最好还是去看医生，否则，在肌肤上留下疤痕就更不好了。

无论是哪个层次的清洗，次数可以多，除了早晚的清洗之外，中午也可以加一次。但动作一定要温柔，以防破坏皮肤的纤维组织，纤维组织能够使皮肤保持弹性和紧实。

其次，营养。除了清洗之外，保养肌肤还要营养。没有营养的肌肤就如同没有营养的身体一样，不是干涩就是没有光彩，干涩或者没有光彩的肌肤何来美丽之言？

要想给肌肤营养，先要明白自己的肌肤是属于哪个类型的，不同类型的肌肤所需要的营养也绝对不会相同。如普通的皮肤，既不会太干，也不会太油，那么只要保持正常的湿度也就足够营养了，并没有必要大补、恶补；如果是干性皮肤，经常起皮、发痒，那么就需要一些含水、油比较重的面霜，在第一时间给肌肤补充水分和油分；如果是油性皮肤，最好选一些清淡配方、无油胶质配方的面霜，或者选用含有松香油的晚霜，这样就会有效调节皮肤营养，达到很好的营养皮肤的作用。

除了对皮肤进行必备的营养之外，消灭肌肤上的斑点也是非常重要的。肌肤上的斑点，永远都是女人的最恨。无论是雀斑、晒斑还是妊娠斑，甚至是肝斑、天生就有的斑，都会给爱美的女性增添不少烦恼。对于像雀斑、晒斑、妊娠斑这些比较浅层的斑，可以简单地通过面膜来解决，或者通过做脉冲光来消除。

不过对于肝斑和那些天生就有的斑痕，只能通过遮斑霜来进行覆盖了。总之，要想让自己的肌肤变得美丽动人，斑点是不能留在那里接受别人的欣赏的。

美丽的肌肤同样不能容忍大大的毛孔摆在那里。毛孔太大，不仅不美观，还不利于肌肤的健康。因为毛孔太大，粉刺、脏东西就容易在那里滋生蔓延。要想缩小毛孔，最关键的一道工序就是去除粉刺。去除粉刺也很有讲究，如果是浅层粉刺，只要定期去去角质也就可以了，而如果是深层粉刺，则最好用挤痘棒来帮忙。

另外，让毛孔缩小还有一个秘诀，就是在用温水洗脸之后再用冷水洗，给皮肤一个收缩的机会，长期如此，皮肤不仅可以变得有弹性，而且毛孔也会慢慢变小。

肌肤保养还有一个问题就是如何保持肌肤的水嫩透白。现在很多人的皮肤都很容易变得干涩，原因就在于他们长期生活在空调房里，水分流失比较严重，导致皮肤老是处在一种干干的环境中，久而久之，昔日"娇艳欲滴"的女人已成"明日黄花"。难道昔日的境况真的"一去而不复返了"吗？不是的。只要你稍稍对自己的肌肤进行保养，一切都还能回到过去。

补充肌肤水分的一个重要方法就是敷面膜，特别是含补水成分比较多的面膜，对于肌肤比较干燥的人来说效果尤为明显。然而光靠敷脸是不够的，还得给身体补充营养。皮肤是身体的一部分，皮肤干燥也就间接地说明身体也是干燥的。因此，可以多吃水果、多喝水，这样就可以间接地补充肌肤的水分，当然，有条件的人可以选择一些胶原蛋白一类的补品，效果必然要好些。

再次，防晒。在做好这些工作的同时，一定要记得保护自己的劳动成果——防晒。虽然说很多人喜欢阳光，可是阳光对于娇嫩的肌肤来说，可是一种无形的杀伤，对于保养的成果也是一种明显的破坏。它不仅会让肌肤变黑，严重的还会灼伤皮肤，留下疤痕。这是一件很恐怖的事情，因此，无论是春夏秋冬、阴晴雨雪都要记得防晒。

说到防晒，很多爱美之人都会不约而同地想到涂防晒霜。是的，它是一种非常有用的防晒措施，但是涂防晒霜的频率一定要适中，最好每隔两三个小时涂抹一次，如果在水中或者是正在出汗的时候，则应涂抹得更勤。

总之，要想让自己的肌肤变得美丽动人，是要花时间去保养的。世界上没有免费的午餐，对于肌肤也一样，只有先付出，才会有后来的回报。

另外，下面这些小窍门，或许能起上大作用：

（1）要保持肌肤的美丽，就必须养成好的习惯，不喝酒，不抽烟，少喝含咖啡因的咖啡、茶、汽水等。酒精会影响肌肤健康，导致血管破裂和酒糟鼻，而咖啡因则会使皮肤脱水，造成皮肤干燥、松弛，形成皱纹。

（2）保持美丽肌肤的另一个秘诀就是深呼吸。它不仅能消除压力，还能给皮肤及身体的其他器官输送足够的氧气，从而让皮肤变得有光泽。

（3）清洗皮肤是必要的，但不能过度清洗，否则会使皮肤变得干燥而且发痒，长粉刺或者是暗疮等。同时过度清洗也会导致皮肤表面真正的保护层消失，使得细菌很容易地进入皮肤里面，造成炎症。

（4）睡美容觉不是一种可有可无的方法，对于保养肌肤而言是非常必要的。人一旦缺乏水分就会造成荷尔蒙分泌失衡，影响自身身体状况。这种影响也包括对肌肤的影响，会使肌肤迅速老化。

（5）营养食品对美丽的肌肤来说也是非常必要的，因为营养的食品会给身体产生的胶原和弹性硬蛋白提供原料，而胶原和弹性硬蛋白能支撑皮肤组织，使皮肤变得年轻而且坚实。

（6）阳光永远是美丽肌肤的头号敌人。不要说洗阳光浴多么有利于健康，光说被阳光灼伤的肌肤对于女性的优雅就不是一件好事情。因此一个懂得保护肌肤的人会尽量让自己的肌肤躲在阴凉的地方，而不是把它暴露在阳光下。

（7）想让自己的肌肤变得水灵，除了要前面的保养之外，更重要的是要保持身体水分的充足。不要等到渴了再喝水，那样你的肌肤永远都处于一种缺水的状态，也就说明你的肌肤永远都不会水灵。

省钱美肤的面膜DIY：

（1）西瓜皮蜂蜜面膜。

功效：晒后修复，镇定肌肤。

材料：西瓜皮1片，蜂蜜适量。

制法：用西瓜皮汁混合蜂蜜调成面膜。

用法：用面膜刷蘸取本面膜，直接涂于面部约25分钟，完全吸收后清洗即可。

小贴士：晒后一般会感到肌肤不适，这时肌肤很需要镇定，之后才可以有进一步的治疗。西瓜皮蜂蜜面膜可以对面部进行补水降温，起到镇定肌肤的作用。

（2）桃子面膜。

功效：红润紧致肌肤。

材料：去皮、去核的熟透桃子1个，蛋清1个。

制法：①将桃子和蛋清一起放入其中搅拌搅匀，直至看不到颗粒。②用手掌将这个混合物轻拍于整个面部。③休息放松，大约30分钟后，用冷水冲洗干净。

小贴士：能使肌肤变得紧致。桃子中含有蛋清质，糖类，膳食纤维，维生素B1、B2，维生素C，磷，铁，钙，钾等营养成分，适合任何肤质。建议每周至少使用1次。

（3）苹果面膜。

功效：滋润养颜，补充水分。

材料：苹果1个，蜂蜜2大匙。

制法：①将苹果均匀分成4块，一起放进搅拌器中搅碎成汁，加入蜂蜜打匀。②放入冰箱冷藏，约10分钟后取出。

用法：①用手将混合物轻拍于整个面部，直至面部感觉有点黏为止。②保持约30分钟后，用水清洗干净。

小贴士:这种面膜适用于中性肌肤。建议前3周每周使用2次，之后每周用1次就好，效果会更明显。

（4）红酒面膜。

功效：美白肌肤，深层滋润。

材料：红酒20毫升，蜂蜜2小匙，珍珠粉2大匙。

制法：把红酒、蜂蜜、珍珠粉混合，均匀搅拌即可。

用法：①把做好的面膜均匀涂于脸上。②约15分钟后用温水洗净。

小贴士：建议此款面膜每周使用1次，坚持使用美白效果更佳。

（5）丝瓜汁面膜。

功效：保湿补水，嫩白肌肤

材料：丝瓜1个，面粉3大匙

制法：①将丝瓜洗净，刮去蜡质外皮。②将处理后的丝瓜榨成汁，过滤后取汁。③加入面粉调匀即可。

用法：①将此面膜敷于面部。②15分钟后洗净即可。

小贴士：适用于各种皮肤，建议每天使用1次。

衣着决定女人的成功与失败

看看自己生活的周围，很多女性，往往不知道如何更好地穿着。

大多数女性在穿衣上只知道赶时髦、赶潮流，盲目地追求名牌，认为名牌胜过一切的"杂牌"或"无牌"。进了商场，见了"天价"的商品，也会毫不犹豫地出手买下。但她们往往不考虑自己的肤色、身材等自身条件，结果不但浪费了大量的金钱，而且往往弄巧成拙。

任何人都不是完美的，包括那些看起来非常完美的人，区别就是那些看起来完美的人对自己的缺陷动了手脚，让你看不出而已。不要抱怨你身体的缺陷，唯一的办法就是用美丽的服装来掩饰你的缺陷。身体是你自己的，不能因为有缺陷而放弃打扮，更不能因此而虐待自己。穿衣服就如同变魔术，有的人成功了，也就变得漂亮了，而有的人还没有学会，所以她们一直煎熬着。

服装掩饰缺陷遵循一个原则：没什么不可以尝试的。

1. 脸大而圆

脸大而圆的人最好听从专家的几条建议：

（1）样式简单、大方的领型是这些人最好的选择，她们不适宜有花边衣领或过于复杂的衣领。

（2）下身最好着紧身裤或者是紧身裙。

（3）肩膀设计需稍宽阔，有垫肩更佳。

（4）妆容的色彩以明亮的单色或浓色为宜，如桃红等。

（5）耳环可选用三角形状的。

（6）胸针宜选用大型的，项链选择长型的为最佳。

2. 脸部瘦小

脸部过于瘦小的女性，与身体其他部位比例不协调，无疑是不漂亮的。这时候就可以通过服饰来掩饰这个缺陷。

（1）大衣领或领口宽大的衣服是这些人的首选。

（2）肩膀部分不宜安垫肩，不能宽大，顺其自然为最好。

（3）在色调选择方面，不宜采用淡色系列，应巧妙地配合浓淡部分，否则，会使脸部更加显小。

（4）宜佩戴中等大小的耳环。

（5）项链不宜过长，能至胸口即可。

3. 颈部粗短

颈部粗而短者可简单地利用某些领型和发型来改变颈部的外观。

（1）在领型上，一般比较适合U字形或V字形的低领型服装。

（2）在衣服前面部分设计纵方向的条纹，这样就会给别人一种纵向上的直观感觉，从而掩饰颈部过短的缺陷。

（3）对于颈部比较短的人，发型的设计同样重要。适合选用长至双肩的发型，使其自然地遮盖住颈部，减少颈部的宽度，也产生颈部削弱浑圆的效果。

4. 胸部太小

小胸女人也可以性感，关键就看你怎么穿了。

（1）可以穿一件胸前带有口袋或特别花样的上衣，这样可以增加发散的效果。或者穿一件胸前有褶皱或绑带的上衣会让胸部看起来比较丰满。

（2）对于上衣的面料而言，选择有纹路的布料或横线条上衣，会让胸部看起来更加丰腴些。还有一点就是，布料亮度比较高的衣服，也能使胸部看起来更丰满些。

（3）泳装的款式不妨选择胸线有折边或褶皱的。

（4）对于衣服的款式来说，有垫肩设计的外套，会使胸部看起来比较挺，有机会可以买一件。

（5）较宽版的连身长裙，里头搭配衬衫或针织衫也是小胸女性的选择。

（6）人们在你松身的造型以及层叠的效果中，会忽略对胸部的关注，这样也可以掩饰胸部过小的缺陷。

（7）两件式和多层次的穿法可造成视觉上的错觉，制造出丰满的效果。

（8）舒适而贴身的衣服会显露胸型，在外面搭配背心或小外套，看起来胸部就会显得比较丰满。

5. 胸围过大

长洋装，因可以搭配不同颜色的上衣而适时造成前胸围的视觉切割，使得胸围看起来顺畅。但有一点要注意：选择此类洋装时需注意布料尽可能以平织布为主。

还有，一套双排纽扣中长套装同样也可以把过于丰满的胸部掩饰起来。

6. 臀部过大

转移别人的注意力，多些细节放在性感的颈项上，从而把视觉的注意力集中到其他地方。臀部过大的人穿下摆宽松的衣服并不理想，应穿下摆较紧缩的衣服。

7. 短腿

短腿还可以分好几种。腿短并且腰比较细、臀围比较宽的人最适合穿裙子，或者穿可盖住臀围线，稍微长些的上衣，而且是不收腰身的。这样可以扬长避短。但是这类人不适合穿直筒裤，如果能顺其自然地穿萝卜裤，不失为因势利导的一种穿着。

专家建议：如果想让腿部变得修长一点，最好穿一些窄身的直脚裤，或者及膝裙，还要加一对尖头凉鞋或高跟鞋。

8. 不够瘦

准备一件腰身卡得非常合体的上衣，并且确定这件上衣裁剪得非常适合你，这样在束腰带时就不会乱糟糟的了。

一件有型的黑色夹克对于展示你的形体来说，至关重要。及臀的上衣和直筒裙搭配能塑造完美的直线；及膝的套头衫和短裙把身体分成三部分，塑造出了更苗条的曲线；穿长度超过宽度的细长裙则会让自己看起来更加苗条；轻质料的针织衣不会对你的身体曲线吹毛求疵；瘦长的裤子加上短短的上衣就能很好地制造出腿长的效果。

9. 体型高大

体型高大的人，该怎样做才能让自己散发女人味呢？专家有以下几条建议：

（1）宜穿横条纹、斜条纹的衣服，这样会让身材看起来更秀气。

（2）下摆散开的裙或圆裙很适合这样的女性。

（3）为了给人一种身材秀美的感觉，还可以在腰部装饰小花束或在裙子上扎有花纹图案的装饰等。

总之，尽量使上半身显得瘦小一点是体型高大的女性不错的选择。

10.肩宽

宽肩膀对于男人来说是非常必要的，可是对于一个女人来说就不是非常好了。怎么办呢？很简单，从领型、袖长、图案、色彩……找出最适合宽肩美人的穿衣哲学，摆脱自己的体型困扰，以展现匀称的身材曲线。

比如说选择V领的衣服。大V领是肩宽美人的最佳款式，借由V领的视线延伸，巧妙地隐藏住肩宽的缺点。

除了V领的衣服之外，还有一种就是U领的衣服，尤其是深U领也能"缩肩"。因为U领使颈部露出一片开阔地带，颈部修长了，肩部自然也就变窄了。

深色系上衣同样具有神奇的"缩肩"效果，因此在上衣色彩的选择上，最好考虑深色系，这样就会让肩膀宽大的人不再愁眉苦脸。

转移别人的眼光。有特色的上衣会让人完全忘了肩宽。别致的设计、花哨的图案……只要能将人的视线从宽大的肩膀上移开也就可以了。

还有一种就是选用下垂性比较好的面料做衣服，这样，看起来肩膀也会窄一些。

11. 背肥

香港时装设计师Pacino Wan说："背肥的人当然大忌露背装，其次就是背心了，会给人虎背熊腰的感觉，可以选穿深色短袖上衣，会收到一定的效果，款式以简单为主，嫌单调的话可以把细节留在下身发挥，转移别人的注意力，看上去就会瘦一些。"

12. 手臂太粗或太细

手臂太粗或太细，就会显得比例不协调，因此在穿衣服的时候要特别注意，用美丽的服装来掩饰你的这个缺陷。

（1）手臂太细的人，在选择服装的时候应该选用长袖衣衫，而袖长以盖住腕关节为好，或可选用打皱褶的袖子以及喇叭袖，通过这种皱褶的装饰来移开别人的注意力。

（2）手臂细的人如果不得不穿那种无袖的衣服，衣服必须能盖住肩膀。

（3）手臂太粗的人在选择衣服的时候最好选用那种面料略微贴身的，穿起来不太紧的衣服。

（4）手臂粗的人应选择宽袖口的衣服，如果是短袖的话，长度应为上臂的3/4。

（5）以织花或棉绸的长披肩遮住肩膀和手臂，通过这种方式来掩饰手臂太粗的缺陷。

13. 身型瘦小

娇小的女子是可爱的，但是如果过于娇小，小到让人看着有些可怜，那么你就应该注意，让自己表现得更加大气一点。

（1）体型瘦小的女子最好选择花型素雅、简洁的服装。

（2）不宜穿衣领开口很大的服装或衣袖多褶的服装。

（3）不宜穿有很多褶的裙子（迷你裙除外）或长至小腿的长裙。

（4）比较适合穿腰部装有饰品的牛仔裤，若在腰部束一条宽腰带可能会更显漂亮。

14. 腰粗

专家建议：如果你腰粗的话，就不要放太多细节在腰间处引人注意。有一个改善办法就是穿质地柔软的连身裙。因为裙子通常在胸以下已开始散开，所以此法会令人看不见腰的真正位置，可以掩饰腰粗的缺陷。

15. 腿粗

腿粗的女性不太适合穿紧身的裤子，同样不可以穿太短的裙子。为了掩饰缺陷，最好穿筒裙、长裙或者是喇叭裤。

16. 腿细

腿太细的人不适合穿紧身裙，却比较适合造型修长、挺拔的裤子，因为这样看起来会比较漂亮，比如用全毛面料制作的长裤。

腿细的人在色彩选择上以偏向明亮、淡雅的色调为宜。

17. 小腹突出

凸出的小腹，永远是一个美丽女性的缺陷，也是穿衣时的一大难题。如果处理不当，便会破坏了一件漂亮服装的所有美感。对于这样的情况，就必须学会选择服装来掩盖。

（1）适合穿那种比较长的上衣，利用它的长度遮住微突的小腹。穿着此类上衣时，要注意将露在裙或裤外的衣服下摆均匀整理好。

（2）最好选择有伸缩效果的面料。

（3）复古的花衬衫或T恤，配上背心或外套，用服装的这种花纹来转移别人的视线。

（4）A字形的窄裙也有很好的修饰效果。但有一点要尽量避免：把衬衫扎到裙或裤腰内，或是穿腹部剪接的打褶时装，这样会使腹部显得更加醒目。

聪明的时尚女性，应该知道在买衣服时如何取舍，懂得买也要适时放下。每个女人都应该找到一种适合自己的穿衣风格，再根据时尚流行去模仿，而不是做时尚的奴隶。智能型的美女，除了会花钱在值得投资的品牌上外，也会花小钱穿出名牌的气度。只要你懂得精打细算，善于搭配的技巧，花小钱，你也会是众人瞩目的焦点。

穿出个性的时尚混搭：

一些穿旧了的衣服，只要运用搭配的智慧，便可以掌握绝佳的美丽密码，既省钱又个性。现在让我们看看几种实用的搭配技巧吧！

（1）牛仔裤+T恤+针织外套。

搭配小贴士：以针织罩衫搭配牛仔裤显出悠闲的态度，T恤宜选择个性又不过分夸张的款式，恰到好处地点出女性的轻松活泼。

（2）衬衫+牛仔裤+西服短外套。

搭配小贴士：看似不同的风格也会搭配出时尚动感的韵味。短款小外套是春、秋季的百搭品，无论与任何材质搭配都能相得益彰。

（3）裙+牛仔裤+长袖T恤。

搭配小贴士：轮廓蓬松的裙衫有着女孩的甜美，将长袖T恤叠穿在里面，显得轻松、活泼。

（4）T恤+牛仔裤+短外套。

搭配小贴士：T恤+牛仔裤不免过于单调，搭配宽腰带与西装外套就能直接展现出一种帅气的利落感。

没有丑女人，只有懒女人

其实，养生和美容并不是什么大学问。只要有毅力，每天花时间多爱自己一点点，尽可能多地了解一些养生和美容之道，然后在生活中不间断地坚持，不需要花费很多的金钱，我们就可以变成俏佳人。

李璇和王丽是初中同学，那时的李璇是同学眼中的"花仙子"，是男生的"梦中情人"，而坐在李璇旁边的王丽则恰恰是"丑小鸭"的最佳人选。王丽圆乎乎的小脸蛋，胖嘟嘟的小娇唇，一双乌溜溜的大眼睛灵活地眨巴着，男生们见了她总会哄然大笑地打趣她道："小胖妞，今天又带什么好吃的啦？"王丽便会难为情地扭过脸去，生气地回答道："哼，不要你们管！"

时光飞转，一转眼10多年过去了。昔日的"小胖妞"已经出落成亭亭玉立的大姑娘，在北京的一家大型企业担任高级翻译。优雅得体的装扮，温文尔雅的谈吐，为她赢得了无数的鲜花和掌声，还有一大批"慕名而来"的追求者。春节时，多年未见的初中同学聚在一起，当李璇和王丽出现在众人面前时，大家都"大跌眼镜"。当年的小胖妞今日已变成窈窕淑女，当年的花仙子今日却……

原来，李璇初中毕业后念了几年中专就回家嫁人了，不久她开了家副食店，每天起早贪黑，劳累之中便失去了打扮的雅兴，长长的头发随意用皮筋扎在脑后，皮肤整天蒙着烟尘也没顾上护理一下，时间长了，再美的容颜也就被"摧残"了。

而考上大学的王丽意识到外表是女人的"重要环节"，便开始注意保养，除了修身之外，还做不同的护理，令她越来越光彩照人，气质逐渐上升。这并不是因为王丽天生丽质，而是她懂得如何扬长避短，在装扮护理中，找到了最能彰显自己的方式。世界上没有丑女人，只有懒女人！

女人要追求美，就要付出代价。每天多花一点心思，在各个细节上重视自己的形象，这样自然美丽就会多一点。

让女人美丽的小窍门：

（1）多做运动，在每一个可能的时候踮脚，如等车时、上楼梯时、工作间隙时。长期下来，小腿会变得修长。

（2）多快走，多抬腿；少坐，少站，少蹲。这样可以防止下肢血液循环不畅，减少腿部的浮肿。

（3）尽量少熬夜，睡眠不足会令身体的代谢变慢，体内的毒素和多余废物难以排出体外，从而容易导致身体水肿肥胖。

（4）注意饮食。多吃水果、蔬菜，补充大量维生素，有助于把体内多余的水分排出体外；少吃含糖量、盐分过多的食物，减少对身体的损害。

（5）不跷二郎腿，因为这样会严重影响腿部的曲线。

（6）每天坚持用温水泡脚，并按摩几分钟，这样可以促进血液循环，有助于睡眠，还可以帮助放松肌肉，增加弹性。

从二十几岁到三十几岁，别让女人的年龄白长

时间，似乎在不经意间就从我们眼前溜走：早上醒来赖一会儿床，与朋友多聊一会儿天，做事时磨蹭一些，无事时胡思乱想，晚上或假日上网聊天、打游戏……可时间却又如此宝贵，"一寸光阴一寸金，寸金难买寸光阴"。时光一旦逝去，就再也追不回来，孔子云："逝者如斯夫，不舍昼夜。"因此，从二十几岁到三十几岁，别让你的年龄白长，无端地消耗时间，就等于在耗失我们的生命。

二十几岁的我们也许还可以仗着年轻和美丽逍遥地生活，把生命中的很多东西都当成过眼烟云，不懂得珍惜，也不去用心地经营；可是当我们三十几岁时，如果依然是这个样子，那可就真要好好检讨一番了。

做女人要懂得经营，常言道"女性的美三分来自父母，七分来自后天修炼"。从二十几岁到三十几岁，在这段你人生中最灿烂的时光里，别让你的年龄白长。要经营自己，把自己塑造成一个品牌。然而当前这个社会，懂得经营自己的女性并不是很多，真正去经营的则更是少之又少。很多人在尘嚣中忙忙碌碌地过活，不知道人生需要经营，形象需要塑造，各种资源需要有心有序地整合。

所谓经营管理自己，是个全方位的事，涉及各个方面。在25～35岁之

间，这10年是人生的重要时期，在学业、知识储备、专业技能、人际关系沟通、形象礼仪、身体健康等方面，都要善于经营管理。拥有鲜亮的个人品牌形象，才能在生活和职场中无往不利。

做女人先要明白的应该是关爱好自己，照顾好自己，经营好自己。一个智慧的女人，她可以不漂亮，但她应该拥有迷人的气质、开朗的性格、独立的个性、细腻的感情，以及深深吸引男人的魅力。女人只有爱自己，才能摆脱不自信；才能对自己的健康负责、对家人忠诚；才能爱慕自己的身体；才能吃出健康，穿出美丽；才能在美丽自己、充实自己的过程中，拥有成熟和优雅的魅力。

做女人，要学会爱。一个会爱的女人，从她准备做新娘的那天起，就用毕生的努力来维系、更新她的爱情。因为，她深知，一纸婚约并不能帮她永远守住另一颗心。她懂得，激情总会冷却，唯有平平淡淡的相依相守才是婚姻的真谛。

做女人，在生活的历练中要明白：幸福要靠自己用心去经营，婚姻是两个人的事情，是两个志同道合者的合作。既然是合作，磕磕碰碰在所难免，因此，婚姻需要包容。同时，婚姻又是一种经营，是有目的的，是为了共同营造一个美好的生活氛围，共同走完一段无悔的人生。

对于女性来说，懂得经营自己并不仅仅是在外表上装扮自己，更重要的是在心灵上充实自己，挖掘自己，完善自己。懂得经营自己的女人知道这个世界除了男人之外还有女人，女人一生中同样拥有很多的机会和机遇，也能使自己长成一棵参天的大树。既可以与男人这棵大树并结连理，也可以在失去那棵大树后，独立撑起自己的一片天空。心态健康的女人，绝不会为已经枯朽的树木伤心过度。因为在她们的心灵深处拥有一片森林！

对于女性来说，关注自身成长，享受生活美好，兼顾事业与家庭的和谐共进已成为现代女性本真的追求。心灵的鲜活比容貌的鲜嫩更重要，如果你不再年轻，那就让你的心灵年轻吧；如果你不再漂亮，那就让自己更可爱一些吧；如果你连健康的体魄都不具有了，你依然可以做一个心态健康的女人。要知道，拥有一颗健康年轻的心，可以做许多使自己愉快、让别人欢乐的事情。

曾经有一位德高望重的女教授在她的自传中谈到：在她年轻时，工作非常繁忙，上班期间，她就全心全意地工作。下班回来，也利用闲暇时间继续学习，就连在上下班的公车上，都在默默地背诵学习。几十年如一日，活到老，学到老，不断充实自我，使自己的人生充实又有意义。到了年老退休后，积累了许多的知识与经验，于此，便有很多年轻人常来向她请教，她也很乐意地教授，乐此不疲，生活依然可以撑起一片蓝天。

从二十几岁到三十几岁，别让你的年龄白长。学会经营生活、学会经营自己，让时间帮我们成为一位成熟而又充满魅力的优雅女性，在这青葱岁月里，把握好自己的工作、生活和爱情。

经营自己的长处，把短处很好地包装起来

善于经营自己的长处就能给你原来平凡的人生增值，而使用你的短处则会使你可能辉煌的人生贬值。你学会经营自己的长处了吗？

让我们先来看这样的一则故事：

在马克小学六年级的时候，接班的数学老师是一个矮矮的女老师，其貌不扬，课上也没有什么精彩的表现。同学们都深感失望，因而上课时总打不起精神，对数学也渐渐地不感兴趣了。但有一天，马克他们都被她震住了。那是在学"圆"的知识时，只见数学老师双腿分开，半蹲着，唰地一声，在黑板上画下了一个非常标准的圆，课后同学们用圆规去量，竟几乎分毫不

差，马克惊呆了。此后，同学们在课间时都模仿着老师的动作画圆，并因此渐渐喜欢上了这位其貌不扬的老师……

故事虽短小，寓意却深刻。掩卷回来，不禁想起这样的话：普通话水平高的教师，绝对能教出普通话出色的学生；感情细腻丰富的教师，其学生也不免受其感染。每个人都有长处，要想成就伟业，你就得善用自己的长处，经营自己的长处是睿智的抉择。长处是人生的一片沃土，成功的种子就埋在它的下面。如果你不在这里耕耘，你就将坐失原本属于你的最宝贵的东西。环顾四周，那些在事业上成功的人士，有谁不是抓住了自己的长处并把它发挥得淋漓尽致的呢？

成功必须"扬长避短"。研究者发现，尽管其路径各异，但成功都有一个共同点，就是"扬长避短"。传统上我们强调弥补缺点，纠正不足，并以此来定义"进步"。而事实上，当人们把精力和时间用于弥补缺点时，就无暇顾及增强和发挥优势了；更何况任何人的欠缺都比才干多得多，而且大部分的欠缺是无法弥补的。

对于女人也是如此，三十几岁的女人，成熟优雅的风姿才是你最大的资本，倘若故意矫揉造作就贻笑大方了。

聪明的女人要学会发现自己的优势，经营自己的长处。富兰克林说过，"宝贝放错了地方便是废物"，就是这个意思。在人生的坐标系里，一个人如果站错了位置，用他的短处而不是长处来谋生的话，那会异常艰难甚至可怕，他可能会在永久的卑微和失意中沉沦。因此，认清自己的优势和长处相当重要，即使它不怎么高雅入流，但可能是你改变命运的一大财富。

聪明的女人应该懂得如何去经营自己的长处，并把短处很好地包装起来。

有一则笑话：

有位姑娘提着高跟鞋走进木材商店，请店主替她把鞋跟的软木锯短一些，店主照办了。

过了1个星期，姑娘又来了，她问："上次你们锯下的那两块软木鞋跟还在吗？我想请你们帮我粘上去。"

店主对这个要求很感惊讶，便问其原因，姑娘说："噢，这个星期我换了个男朋友，比上星期那个高多了。"

呵呵，一笑了之，聪明的你，也学会了吗？

增加气质修养，让自己更加有魅力

有些女人容貌美丽，可是你感觉不到她有任何吸引人之处；有的女人姿色平平，却有着一股吸引人的魅力，让人觉得她美丽。这就是气质的魔力。有气质的女人走到哪里都能吸引大家的目光和注意，获得大家的肯定和赞许。

如果说容貌有形，气质则是无形的，它是一个人内在的表现，外表的美丽是短暂的，气质却是长久的。气质是每个人相对稳定的个性特点，每个人的习惯、个性与内在修养不同，因而每个人的气质也就不一样。但无论你从事何种职业，任何年龄，你都有着自己独特的气质与修养。可是只有拥有丰富内涵、良好素质和修养的女人才可能拥有高雅的气质。没有良好的内在修养，胸无点墨的女人即使再美也黯然失色，而许多相貌平平的女子，因为有了高雅气质的衬托，越发神采飞扬，风韵动人。

美丽和气质是两个不同的概念。气质包含了更多的元素，不仅指天生的容貌，更多的是举手投足、穿着打扮显露出来的品位、谈吐，还有从内心深处散发出来的自信。

气质好的女性总会吸引人们的注意，她们能轻松地赢得周围人的好感，人们喜欢和她们在一起，这使她们一般都拥有良好的人际关系；气质好的女性一般都受过良好的教育，有充足的文化底蕴，有良好的内在修养，因此她们很容易获得上司的青睐；甚至对气质好的女性来说，爱情都会相对顺利。

不得不承认，有一些女人很幸运，她们天然有着一种优雅的气质，从出生那天起，她注定是一个有着好气质的女人。可是，还有许多女人没有这么幸运，不过还好的是，气质完全可以靠后天培养，而且后天培养也最为关键。增加气质修养，三十几岁正是时候。

时间有时候是很奇妙的，只要努力，人们就会变成自己想要变成的样子。如果你不满意自己的气质，那就要努力地去丰富自己、提升自己，让自己的气质有一个质的飞跃。但这并不是说养成好气质可以一蹴而就，气质需要时间，它只能随着你内涵的提高而逐渐改变。

气质是一种由内而外散发的东西，要通过很多方面、经历很长的时间培养起来，包括你接受的教育、你的品位，还有你后天的努力等。外在美可能几个小时就能学到，但是内在的气质却要修炼，而且绝对需要时间的打磨。只要坚持下去，有一天你便会听到有人赞美"你的气质真不错"！

张曼玉就是一个最典型的例子。2004年5月，第57届夏纳电影节上，她作为最佳女演员得主上台致谢："这是我一生中最难忘的时刻。"她带着东方的素静神韵和西方的明艳光彩，征服了世界各地的影迷，"谋杀"了现场记者无数的胶卷。她，就是张曼玉。一个在银幕上有着千种面貌、万种风情的女人；一个从花瓶到影后，在岁月与镜头里不断修炼的女人；一个气定神闲，雍容华贵，平淡自然，从生命深处散发出独特魅力的女人。

看着她刚出道时的照片，只是一个清纯无知的少女，长着两颗小虎牙，不算太漂亮，也不算有气质。十几年过去了，身材高挑、皮肤细腻的张曼玉已经40多岁，岁月的痕迹已经爬上了眉眼之间，但她的美丽却比年轻时来得更为抢眼，丰富的生活经历为她增添了许多妩媚和女人味，不时散发出成熟高贵、淡定从容的气质，走到哪里都闪闪发光。

她眼界开阔，脚步自由，喜欢挑战，敢于冒险……她的美丽已经从电影里延伸到电影外，如今许多人提到她，喜欢她，已经不再是因为某部戏或是某个微笑。更多的是她带给大家的一种精神，一种让人无法忽视的光亮。张曼玉身上有一种神韵，这种神韵不仅体现在她从容、淡定的表情和举止上，也体现在各大重要场合举足轻重的着装上，甚至她笑的时候，唇边出现的那两道弧度都有神韵在流动，这种神韵就是气质。

有很多女人以为只要时时注意打扮自己，就会有气质，就会有魅力，这种想法真是大错特错。有的女人很有钱，会花很多钱买很多衣服，可是这些昂贵的衣服穿在她的身上，别人丝毫不会觉得美丽，反而会觉得她肤浅，没有品位。还有些女人，虽然花的钱不多，可是那些并不昂贵的服装穿在身上让人觉得那么合适，那么舒服，那么有味道。

如果想要提升自己的气质，做到气质出众，最重要的是要不断增加自己的知识，提高品德修养，不断丰富自己，多读书，多思考。阅读可以丰富你的头脑，同时也会增加思维的敏捷度，思考会使你变得更有智慧，久而久之，也会提高自己的言谈和举止。也只有真正从内心改变自己，才能达到持久的效果。当然，谈吐和适当的装扮也很重要。说话时要注意分寸，巧妙措辞，避免使用一些低俗和粗鲁的语言，礼貌地回答别人的问题，使自己的言谈举止大方得体，不显得矫揉造作。同时，你还要多关注一些关于时尚、服饰、配饰方面的信息，要学会选择适合自己的服装，让自己出现在任何场合都能衣着得体。

记得张爱玲老早就说过："女人纵有千般不是，女人的精神里面却有一点'地母'的根芽。可爱的女人实在是真可爱，在某种范围内，可爱的人品与风韵是可以用人工培养出来的。"

觉得自己姿色平常的女人们，不满足于自己气质的女人们，从现在开始行动吧，只要努力，几年后就可以看到一个全新的你，一个气质出众的你！

经营自己的含义：

第一：要善待自己。有一种女人，也许她是独立的，她把所有的精力都用在了事业上；也许她是可依赖的，她把所有的心血都用在了家庭上，但就是不注意把时间、钱或者注意力用一些在自己身上，或者用在让周围的人更懂得爱护你、更尊重你的活动中来。

第二，要投资自己。台湾人凌峰娶了一个青岛太太，他对她说过一句话："女人要在青春递减的时候，智慧递增。"其实青春和智慧都是需要投资的，由于青春是短暂的，而持久的依赖关系是脆弱不可靠的。所以，女人最重要的是需要投资自己的智慧。

女人永远不应该远离时尚

时尚是一种生活品质，代表着一种心态，一种追求。懂得时尚，才能懂得美。一个不懂美的女人，本身就给世界减了一分色彩。人类崇尚真善美，人们奋斗的乐趣在于生活会更美，人类社会进步的动力来源于对美的不断追求。因此，女人不论年龄多大，都不能远离时尚。

生活里美的事物有很多，大自然是一种美，关爱是一种美，时尚则是另一种美，代表着美的潮流峰值。时尚是一种美的进步，美的变化。

世界如果缺少了时尚，将是一个僵化的世界。人如果缺了时尚，则是一座颓废的老建筑，纵使有其古旧美，仍然缺了几分生命中更灿烂的颜色。

每个人都想让自己看起来魅力十足，将自己最好的一面展现给大家。但是很多时候，每当女人们面对一堆衣服时，就又开始犹豫了："我该穿成什么样才好呢？"

尝试新的发型，穿上当下最时髦的衬衫，这些当然对于树立你自己的风格有着一定的效果，但这些都只是"万里长征"的第一步而已。盲目跟随潮流的人，都是那些不知道自己要什么的时尚盲从者，或者即使清楚地知道自己要什么，也不知道应该如何去表达这些追求。

　　紧跟潮流又不致走偏的最直接的方法是通过"lookbook"（书本样式）来寻找范本。从看到一个造型，把这个造型的每一件单品都"肢解"开来，然后找到与其相似的单品，选择你喜欢的，抛弃你不喜欢的，一直搭配到你满意为止。这就是最简单最快速的一个"范本学习"的方法。

　　同样，你也可以用眼睛来学习你的风格。最简单的方法就是参考那些在大街上遇到的你认为非常"时髦"的人士。不论何时，只要你遇到了一个值得"模仿"的对象，就应该问自己以下问题："她身上的哪一部分造型让她备受瞩目？是发型？衣服的合身程度？鞋子？颜色的搭配？还是整身衣服的结构组合？"

　　如果你看到一个穿得非常"老土"的人，你也应该问自己："她为什么看起来这么'老土'呢？她应该如何改进呢？"

　　于是，你便得到了属于自己的时尚法则。例如，脏鞋能够毁掉全身的装扮，或者多少颜色同时出现在身上才算合适等。

　　如果你不喜欢在大街上盯着别人思考问题，那么，你可以从杂志上学到很多，如《VOGUE》《ELLE》等。这种直接"送上门"的范本比在街上寻找来得更加快捷，更加方便。

　　明星也应成为学习时尚的榜样，但要选对好的，麦当娜就是其中一位。

　　某部电影里，麦当娜上身仅着由一方条纹丝巾绕成的上衣，柔软滑爽的质地显出女性的柔美。逆光中，她突然一个转身，浑圆的肩和光洁的背在柔光中显得丰盈柔美，和顺滑贴体的丝巾交相呼应、浑然一体，性感妩媚，女人味十足！你不得不佩服麦当娜的着装方式，她用一方丝巾把温柔和性感两个极端的美和谐地交融在一起，丝巾瞬间变得有声有色。

麦当娜是一位千面女郎，常常用创作艺术品的态度来塑造自我形象。她可以妖娆神秘如午夜的幽灵，也可以高贵典雅如希腊的女神；可以青涩甜美如邻家的女孩，也可以温柔丰盈如多情的少妇；可以夸张另类如疯狂的狂欢，也可以隽永经典如岁月的沉淀。这种矛盾、多变、神秘、丰富的女性特征，在她身上得到了完美的演绎。

世界上有三种人：第一种仰慕时尚，第二种把握时尚，最后一种缔造和引领时尚。麦当娜无疑是最后一种。关于造型，她永远有自己层出不穷的古怪主意。回首30年，麦当娜风情不坠，宛如奇迹，她不变的资本是她自己。

麦当娜不变的原则就是：永远变化。在她将近30年的演艺生涯中，她不断地颠覆着自己的形象：高贵忧郁如阿根廷国母，反叛疯狂如"物质女孩"。还有她不可胜数的各种造型：和服、内衣外穿、女战士、巫师……她就像是一位疯狂的魔术师，掌控时尚的神秘。

明星的影响的确很大，但在这里，你要注意的是，适合明星的东西，并不一定全部适合你。很多时候，这些适合不适合都要取决于你的身材、肤色、脸型、体形等。虽然这都是很强的限制因素，不过我们还是鼓励你尽量多地尝试一些你从来没有尝试过的装扮。毕竟，你也许会发现一些更新鲜的想法也说不定。

昂首挺胸做女人，肯定自己才能被人肯定

"我发现自己不穿他不喜欢的衣服，不买他不喜欢的东西。所有的打扮，都是为他。在我们的关系中，他是中心，我要尽力让他开心。有时候我觉得这不公平，并感到愤怒和失望，但我压抑着自己不要表达。我妈妈也是

一生都听爸爸的，也许我在要求不该要求的东西吧。"

这是一名抑郁的女人对咨询师说的话，她的话反映了抑郁女人的典型行为和心理活动。临床心理治疗师发现，女人抑郁往往是不敢表达内心需求和愿望、自我否定、自我沉默的结果。

心理学家发现，抑郁的女人在谈到自己的悲哀和失落时，能明显看出有两个自我在对话。一个自我很清楚地知道自己的真实想法和感受，仿佛在说："我要，我知道，我觉得，我看到，我想……"这个自我的声音是真实的，被称为"主我"。而另外一个自我则无情地谴责真实的自我，仿佛在说："你不能，你必须，你应该……"这个声音被称为"他我"。

如果"他我"占了主导地位，女人就会习惯于否定自己内心真实的想法、感受和愿望，学会用一些消极的词汇，如"依赖""被动""不成熟"等来评价自己的需要，贬低自己的感受，隐藏自己的能力，顺应亲密的人的观点，以期得到对方的接纳。长此以往，女人就会感到真实自我的泯灭，自我认同感和自我价值感消失，从而引发抑郁。

这些抑郁的女人应学会倾听"主我"。女人对于亲密关系的重视和依赖，对情感支持和交流的寻求，是非常真实的需要，绝不是"依赖""软弱""不成熟"的表现。女人需要肯定自己的智慧。只有肯定了自我的需要才能得到别人的肯定。

幸福的女人源于自信

自信的女人不一定有闭月羞花的容貌，可一定在众人中有鹤立鸡群的气质。她开心、她快乐、她尽情地享受生命的乐趣，又清醒地保持灵魂的明净。她深知阳光与黑夜的交替，身临困境心中依然有光明和希望，决不气馁。她的心像一颗种子，历尽沧海桑田，洞彻世事烟云，依然会顽强地从沙土里开出鲜花。她的笑声和细语如冬日暖阳，即使在逆境中也能化解人们心中坚硬的冰。

心理学家曾做了这样一个实验：将一只跳蚤放进杯中，开始，跳蚤一下就能从杯中跳出来。然后，心理学家在杯上盖上透明盖，跳蚤仍然会往上跳。但碰了几次盖后，碰疼了，慢慢就不跳那么高了。这时心理学家再将盖拿走，却发现那只跳蚤已经再也不愿跳一下，永远不能跳出杯子了……

就像实验告诉我们的那样：如果自信不一定能让你成功，那么丧失自信你却注定会失败，因为你已丧失了进取的勇气。从容自信会使你创造奇迹，古往今来，每一个伟大的人物在其生活和事业的旅途中，无不是以坚强的自信为先导。拿破仑就曾宣称："在我的字典中，没有不可能的字眼。"这是何等豪迈的自信。正是因为他的这种自信，激起了无比的智慧和巨大的能力，才使他成为横扫欧洲的一代名将，也成为了奇迹的缔造者和代名词。

只有那些信得过自己的人，别人才会放心地将责任托付给他们。缺乏胆量、对任何事情没有主见、处理事情迟疑不决，不敢自己作主，还怎么能挑起重担，独当一面，去获得成功呢？从容自信是一种感觉，拥有这种感觉，人们才能怀着坚定的信心和希望，开始伟大而光荣的事业。从容自信能孕育信心，你能通过充满信心的活动使别人对你和你的意见产生信心。生活中的许多问题、困难，实际上正是来源于你的信心不足，一旦获得了信心，许多问题就将迎刃而解。任何一个女人都可能存在这样那样的不足，如果在不足面前让自己成为抱怨者，那么一生就只能与失败为伍了，如果你用坚强的从容自信的心与实际的行动去加高自己，那么即使最后不能达到多高的高度，成就多么辉煌的成绩，也能促使你成就一段无悔的人生！

从容自信能使你保持最佳心态，给你最佳状态，增强你进取的勇气。从容自信是挖掘潜力的最佳法宝，如果你能坚定地相信自己，那么你才敢于奋力追求，实现自身的价值，才敢于去干事，也才会激发自己的潜能。从容自信不是一句空话，从容自信不是自欺欺人。每个人都有充足的理由相信自己。如果生活中充满了从容与自信，生命将是非常美好的。

外表的美丽会因为时间的消逝而渐渐黯淡，由内而生的自然魅力才是女人美丽的源泉，而且这种魅力正是建立在从容自信的基础上。从容自信所赋予的光彩永远不会因为时间而改变，从容自信是女性长久魅力的奥秘所在。

敏是位很灵慧的女人，然而遗憾的是，慧中有余而秀外不足。她有一张怎么瘦也显得满满盈盈的田字脸，眉眼疏淡，而且有糟糕的男孩子的倒三角体，怎么说也是一位很不漂亮的女人。大多数女人如果生来是她这样，肯定会心灰意冷，自卑得不敢直面镜中的自己。可是敏却像美丽的女人一样自信，虽然她也偶尔对镜自嘲是"阴错阳差"，但镜前的她活得快乐、洒脱、充实得让人羡慕。不美的她懂得如何使自己显得美丽，一头飘飘洒洒的长发，掩去半边嫌阔的脸，宽松的T恤，紧身的牛仔裤，一步裙，显示出双腿的秀颀。她上图书馆，写文章，学钢琴，设计时装，生活得比许多漂亮女人更有声有色。正因她浑身洋溢着青春活力和特殊的魅力，不少出色的男人乐意和她交往，她现在的男朋友就是一位曾倾倒了不少漂亮女人的研究生。"不管你长得怎样，青春就是美丽，从容自信就是魅力。"敏如是说。

一个人能从容自信地面对人生，远比她长得如何重要得多。因为能从容自信地面对人生的人，她会笑容可掬，让人感觉如沐春风，充满活力，招人喜欢，她浑身上下散发出来的魅力让人意动心悬。其实，每个女性都有自己的那一份魅力，只是因为你太自卑，太缺乏自信，以至使你的优点、长处、潜在之美得不到挖掘和展示罢了。只有相信自己，才能激发进取的勇气，才能感受到生活的快乐，才能最大限度地挖掘自身的潜力。哪怕你是一个非常平凡的女人，只要你对生活充满信心，在人生的舞台上，定能焕发出那一份属于你自己特有的女性的魅力光彩。

第六章 开源节流，做个"啬女郎"

　　花钱是一门艺术，每个人都会花钱，但并非每个人都能花好钱。如果你想积累很多财富，就要在乎每1分钱。理财专家认为，你省下的每1元钱，其价值都大于你赚进的1元钱。

节约1分钱，就是赚了1分钱

不要让自己的支出超过自己的收入，如果支出超过收入便是不正常的现象，更谈不上发财致富了。

一个偶然的机会，一位卖蛋的生意人向大富商亚凯德咨询致富的秘诀。

亚凯德笑了笑，向那位自称很节俭的人问了个问题："假使你每天早上收进10个蛋放到蛋篮里，每天晚上你从蛋篮里取出9个蛋，其结果是如何呢？"

"时间久了，蛋篮就要满溢啦。"

"这是什么道理？"

"因为我每天放进的蛋数比取出的蛋数多1个呀。"

"好啦，"亚凯德继续说，"现在我向你介绍发财的第一个秘诀，你要照我告诉蛋商的发财秘诀去做。因为你把10元钱收进钱包里，但你只取出9元钱作为费用，这表示你的钱包已经开始膨胀，当你觉得手中钱包的重量增加时，你的心中一定有满足感。

"不要以为我说得太简单而嘲笑我，发财秘诀往往都是很简单。开始，我的钱包也是空的，无法满足我的发财欲望，不过，当我开始放进10元只取出9元花用的时候，我的空钱包便开始膨胀。我想，你如果如法炮制，你的空钱包自然也会膨胀了。

"现在让我来说一个奇妙的发财秘诀，它的道理我也说不清，事实是这样的：当我的支出不超过全部收入的90%时，我就觉得生活过得很不错，不像以前那样穷困。不久，觉得赚钱也比往日容易。能保守而且只花费全部收入的一部分的人，就很容易赚得金钱；反过来说，花尽钱包存款的人，他的钱包永远都是空空的。"

"每次当我把10元钱放进钱包的时候，我最多只花费9元。"有钱人的用钱原则就是这样，只把钱用在该用的地方，他们认为不该用的地方，是一元钱也不会花出去的。以崇尚节俭、爱惜钱财著称的连锁商店大王克里奇，他的商店遍及全美50个州和国外很多地方，他的资产数以亿计，但他的午餐从来都是1美元左右。

克德石油公司老板波尔·克德有一天去参观一个展览，在购票处看到一块牌子写着："5时以后入场半价收费。"克德一看手表是4时40分，于是他在入口处等了20分钟后，才购买了一张半价票入场，节省下0.25美元。你可知道，克德石油公司每年收入上亿美元，克德之所以节省0.25美元，完全是受他节俭的习惯和精神所支配，这也是他成为富豪的原因之一。

年轻人在该舍得的时候要大方，该省的时候要节俭。

著名的犹太船商银行家出身的斯图亚特曾经有一句名言，他说："在经营中，每节约一分钱，就会使利润增加一分，节约与利润是成正比的。"

斯图亚特努力提高旧船的操作等级以取得更高的租金，并降低燃油和人员的费用。

也许是银行家出身的缘故，他对于控制成本和费用开支特别重视。他一直坚持不让他的船长耗费公司的一分钱，他也不允许管理技术方面工作的负责人直接向船坞支付修理费用，原因是"他们没有钱财意识"。因此，水手们称他是一个"十分讨厌、吝啬的人"。直到他建立了庞大的商业王国，他的这种节约的习惯仍保留着。

一位在他身边服务多年的高级职员曾经回忆说："在我为他服务的日子里，他给我的办事指示都用手写的条子传达。他用来写这些条子的白纸，都是纸质粗劣的信纸，而且写一张一行的窄条子，他会把写的字撕成一张长条子送出，这样的话，一张信纸大小的白纸也可以写三四张'最高指示'。"一张只用了1/5的白纸，不应把其余的部分浪费掉，这就是他"能省则省"的原则。

可见，无论生意做多大，要想取得更多的利润，节约每一分钱，实行最低成本原则仍然是非常必要的。

节约每一分钱，应该是每个年轻女性朋友对自己的基本要求。

精打细算能省不少钱

女人要生活，就离不开消费。小到油、盐、酱、醋、茶，大到教育、买房、买车、休闲、旅游，生活的方方面面都和消费有关。如果每次消费你都以节俭为前提，那么你一定会省下不少钱。现在消费陷阱随处可见，如果你不会精打细算，会怎样呢？

当旅游成为休闲和时尚的时候，旅游消费的陷阱也在山山水水间游荡。许山水之秀丽，愿旅游之欢乐。每当推开旅行社的大门之时，提醒消费者开门的究竟是可爱的美少女，还是吃人的狼外婆呢？旅游中也要有"慧眼识珠"的本领。

互联网给人们展现了它高科技的奇迹后，也展开了一张张空中交织的网络，编织着美梦，也编织着谎言与陷阱。不知不觉中就"把你困在网中央"了，让"虚拟空间的黑色幽灵"吞噬着你的金钱与时间。当掉进这些陷阱里之后，"网络里的浪漫旅程"最终只是一条不归之路。

"学海无涯，教育消费无止境。"为了未来的成功，教育已经成为一项投资。从早期教育到出国留学，"路漫漫其修远兮"，成才的道路漫长而艰辛。早期教育是孩子成为天才的真理还是谎言？

当购车不再是构想的时候，在购车消费中，许多购车陷阱随着车轮的旋转而启动，购车成了让你欲罢不能的圈套。

当换掉手机已经像换掉情人一样容易的时候，"手机消费的迷宫"也越来越扑朔迷离。"手机维修黑幕重重"，小小手机名堂多，就算是脑袋上再长出一只眼来，也难以识别手机维修过程中的陷阱。

生活中处处都有陷阱，这就要求我们时时刻刻都保持清醒的头脑，精打细算，理智消费。如果你不会精打细算，而掉入这个陷阱里，想想你的钱包，还能保得住吗？

女人要精打细算地过日子，要注意养成下面的习惯：

一是定时存款。每月领到工资后要做的第一件事，就是根据这个月的开支做一个大概的估计，然后将本月该开支的数目从工资中扣出，剩下的部分存入银行。

二是计划采购。每月都要对自己该采购的东西做一次认真仔细的清点，如服装、日用品等，并用一个专用本子记上，然后到已经了解过行情的市场，按计划进行采购。

三是注意养成勤俭节约的习惯。这是减少日常开支的一个重要环节，比如，使用一些节能、节水设施等。其实，日常生活中很多费用是不必要浪费的，这些金额看似不起眼，但长年累月坚持下来，可是一大笔钱。

四是压缩人情消费的开支。现在的社会，人情消费的花样很多，但要掌握适当、适量、适度的原则。如果自己家有事，规模应越小越好。

五是延缓损耗性开支。任何物品，只要勤于护理，总可以延长寿命，提高其使用率，这无形之中就等于减少了因过早更新换旧而增大的开支。所以，要对音响、电视机、电冰箱、洗衣机、空调等大件家电以及自行车、摩托车等交通工具加强护理，延长物品的使用寿命。

告诉你成为巧手俏佳人的小技巧：

你可以用木头废料当做墙壁装饰；到永乐市场购买零碎布，缝制写意浪漫的拼布窗帘；利用十字绣设计成的挂饰、桌垫、抱枕，利用旧物回收，再以创新的手法制作出新物品。

资源回收已成现代人的基本生活技巧，动机不只是在于节省天地万物的惜物心情，更是展现个人风格的精彩过程。你还可以利用彩绘、缝制的技巧，把旧衣上的蕾丝边、纽扣、颜料，加工到原本平凡无奇的牛仔裤、T恤上，甚至在老旧的除湿机、电冰箱上画上可爱的图案，让人每天都有好心情。

把钱花在刀刃上

"能挣会花"，究其本意，是"好钢要用在刀刃上"。"能挣"是"用自己所能去争取"，靠自己的勤劳获取应得的利益；"会花"就是"花有所值"，而不是做毫无意义甚至是有损美德的消费。

把钱花在最需要的地方，其他的问题就能轻松解决了。生活中到处都需要我们花钱，而口袋里的钱是一定的，只有把钱花到最合适的地方，才能达到物尽其用。

要想做到把钱花在刀刃上，那么对家中需添置的物品要做到心中有数，经常留意报纸的广告信息。比如，哪些商场开业酬宾，哪些商场歇业清仓，哪里在举办商品特卖会，哪些商家在搞让利、打折或促销等活动。掌握了这些商品信息，再有的放矢，会比平时购买实惠得多。

一个人能否拿得出钱参加一次宴会，这本身并不是什么问题。你可能为此花掉了15元钱，但你也许通过与成就卓著的客人结交，获得了相当于100元钱的鼓舞和灵感。那样的场合常常对一个追求财富的人有巨大的刺激作用，因为你可以结交到各种博学多闻、经验丰富的人。在自己力所能及的情况下，对任何有助于增进知识、开阔视野的事情进行投资都是明智的消费。如果一个人要追求最大的成功、最完美的气质和最圆满的人生，那他就会把这种消费当做一种最恰当的投资，就不会为错误的节约观所困惑，也不会为错误的"奢侈观念"所束缚。

英国著名文学家罗斯金说："通常人们认为，节俭这两个字的含义应该是'省钱的方法'；其实不对，节俭应该解释为'用钱的方法'。也就是说，我们应该怎样去购置必要的家具，怎样把钱花在最恰当的用途上，怎样安排衣、食、住、行以及教育和娱乐等方面的花费。总而言之，我们应该把钱用得最为恰当、最为有效，这才是真正的节俭。"

真正会花钱的人都喜欢过简单的生活。

一些人认为拥有更多的物品和雇佣更多的人来服务自己，会让生活更加舒适，而且这已形成一种社会时尚。一旦你开始实行简化生活，你一定会觉得不需要清洁工而自己整理房子是一件很轻松的事；你不必再为厨师做的晚餐总不对胃口而大伤脑筋；也不会为了找个称职的司机而东奔西跑；当你的应酬减少了以后，你的衣柜也可以缩减到最小的状态；当你的对外联系减少的时候，你也不需要额外的答录转话服务了；当你的草坪面积减少了以后，你也不再需要专门雇佣园丁了；你的人际关系单纯化之后，你也不需要去看心理医生了。我们每个人都必须做出决定：你是选择让物品和应酬的增加成为一种负担，还是停止增加这些东西来使生活简单、单纯，这都看你自己的选择。其实，太多的物品和服务反而会造成我们的压力。舍弃那些不必要的杂物，你会全身轻松，过得单纯而自在。

简单生活，可以让节俭不再是负担，让欲望不再时时膨胀。当你搭上简单生活的便车时，你会发现，原来生活可以更自在。

学会省下生活中不必要的开支

许多女性经常克服不了心中的那句"我想要"，结果总是让自己入不敷出。事实上，消费的第一守则应该是要建立于"我需要"，行有余力才能应付"我想要"。但很多女性却在"我想要"和"我需要"之间晕头转向，直到最后被物品所俘虏，导致必须付出漫长的时间和代价。

王琦，今年27岁，她在法国留学，长得又很漂亮，她最喜欢享受"I want it"的感觉。虽然工作能力很强，但是薪水族毕竟赚得有限，但她隔三差五就要到欧洲旅行，一旅行就一定会买名牌回来。记得有一次支付完信用卡费之后她就透支了，还有10天才发薪水，她已经濒临断粮的状态。

最后，她只好把她的宝贝名牌拿出来拍卖，其中有一件非常漂亮的丝质衬衫，双边的袖子上都绣着"MOSCHINO"的字样，花了她将近2万元。当初她简直爱死这件衬衫了，但她没想到，要忍痛割爱，降价降到3 000元，依然是无人问津。

年轻的女孩子常说，能花钱才能挣钱，所以她们不计后果地进行各项消费，喝一杯上百元的饮料，吃一顿花去半个月工资的大餐。她们认为这是一种生活体验，年轻就应该多见识。见识各种类型的消费是没错的，但是一旦养成这种消费习惯，你的生活就基本没了保障。打开你的衣柜，看一看是不是有很多衣服你买后就没穿过几次；打开冰箱，是不是很久前买的吃的忘了吃，坏了要扔掉……所以你在下次购物的时候，先问问自己：

"这件东西我真的需要吗？"

"买了它，我会用多久？"

"它能实现所有的价值吗？"

这样多问自己几次，你就会省下许多不必要的开支。

会花钱、会省钱，是一种理财的智慧。聪明的女性一方面要不断地向自己的小金库补充，另一方面要防止小金库的流失，这样才能让自己的小金库存得住钱。

"买"的时候就要想到"卖"

很多女性认为，购买昂贵的名牌商品是一种宠爱自己的象征，兰蔻的口红、香奈尔的香水、蒂凡尼的饰品、路易·威登的包包、迪奥的套装……很多人拥有这些东西的秘诀就是省吃俭用几个月，然后刷光几个月的薪水。如果买名牌只是为了面子，却要付生活清苦的代价，那么，你就该三思而后行！

简单地说，想要省钱做大事，你应该有物超所值的观念，或最起码你要懂得什么叫物有所值。因为一般来说，物超所值、物有所值、一文不值是买东西的三种感受。很多女性买东西只在意实时的感受，却忽略掉它恒久的价值，比如，花1万元买一只表，但是当这只表属于你的那一刻，它就已经不值1万元了。

也有很多女性买东西时懂得将未来的价值考虑进去。比如，同样花1万元买一个梳妆台，但是如果买的是古董梳妆台，自己再加以润色，东西越古越值钱，就算将来要换主人，它的价值可能也已经超过1万元。

一些名牌只要不是全新就只剩3折的价值，如果在"买"的时候就想到物品"卖"的价值，你购物时将会有另外一番考虑。

购买商品"六不要"，女性朋友们不妨一试

（1）不要只求价廉。女人在购物时很容易选价格最便宜的。但现在有一些商家故意误导消费者，把一些低档的，甚至是已经过时的商品搞一个"特别推出"，如果不懂该商品的性能而仅仅以价格决定取舍，很容易上当受骗。

（2）不要求"洋"。我国某些产品确实不如外国生产的，但并非所有的产品都如此。比如电器，我国有不少名牌电器早已远销国外，如果一味地舍"中"求"洋"，很容易花冤枉钱。

（3）不要求"全"。许多女性在购买商品时喜欢选那些功能全面的，以为功能全的就是质量好，这是一个误区。"全"并不代表"精"。如果你买一台电视，只要画面清晰、音色好就已足够，没必要选那些带"画中画"功能的，因为你很少有使用它的机会。

（4）不要求"大"。比如，有些女性不考虑自己的住房面积和经济能力，买商品一味求大，结果是花大价钱买回的庞然大物根本难以安置。

（5）不要求"美"。商品是买来用的，不是买来看的，如果只看外表而不注重性能，很容易买到徒有其表的"绣花枕头"。

（6）不要求"新"。任何商品在刚上市时都有两个特点：一是价格贵；二是性能不完善。如果为抢"新"而买，很容易被淘汰。

开源亦要节流

有一次，一个朋友请富兰克林参观他的富丽堂皇的新居。他领富兰克林走进一间大得足够召开议会会议的起居室，富兰克林问为什么把房间搞得这么大，这个人说："因为我有钱。"

然后，他们又走进一间可容纳50人就餐的饭厅，富兰克林又问为什么这么大，这个人再次重申"因为我有钱"。最后，富兰克林愤怒地转向他，说："你为什么戴这么一顶小帽子？你为什么不戴一顶比你的脑袋大10倍的帽子？因为你很有钱呀！"

聪明的人能从别人的失败里学到许多东西，而愚蠢的人从自己的失败里什么也学不到。

别人遇到祸患，自己学到谨慎，这样的人是幸运的。很多人为了穿得好而饿肚子，并且还使他们的家人饿得半死。绸子、缎子、绒衣，这些都不是生活必需品，也称不上是便利之物，可是就因为它们看上去漂亮，有多少人趋之若鹜！可见，人类的物欲远远超过自然之需，正如有人所言，对于穷人来说，贫穷是无边的。

由于奢侈和浪费，绅士们将会变得贫困，不得不被迫向那些曾被他们所不屑的人去借债，而后者则通过勤劳与节俭赢得了地位。显然，一个站立的耕者要比一个跪下的绅士高大。也许他们还剩有一点产业，连他们也不知从何而来。他们想：白天变不成黑夜，从这么多财富里面花掉一些是无足轻重的。可是，只出不进，粮仓很快就见底。如果他们采纳了这句良言："如果想知道金钱的价值，那么就去借钱试一试。"因为谁借钱，谁犯难，而且，如果借出了钱，在讨还的时候也是如此。进一步忠告："锦衣玉食是祸根，何不珍惜分文。"再者，虚荣如乞丐，行事更莽撞。一旦你买了1件漂亮的物品，你还会去买10件，然后便一发而不可收。如果你不能压住你的第一个愿望，那么随之而来的愿望就无法满足。穷者模仿富者，那是愚蠢的，如同青蛙要把自己胀得像牛一般大一样。因为大船能迎风浪，小舟不可远航。

抛掉那些挥霍无度的蠢行吧！这样你就不会有那么多世道艰难、税收太重、家庭不堪重负之类的抱怨了。

年轻人越早开始储蓄投资，存的金额越大，就越容易提早帮自己累积到一笔资产。

初入社会的年轻女性朋友，对于手中的钱财，常犯的错误是有多少花多少，想买什么就买什么，甚至因为可以利用银行借贷，而随意扩张信用，陷入负债累累、入不敷出的窘境。因此，懂得如何开源、节流以及正确评估投资风险非常重要。

节俭是财富的种子

罗素·塞奇说："每一个年轻人都应该知道，除非他养成节俭的习惯，否则他将永远不能积聚财富。"

假设有一个人，他一直享受着优厚的工资待遇，现在突然失业了，而他又没有任何积蓄。他肯定会抱怨自己的运气太坏，而不会对自己的处境加以冷静地反省。

墨斯就是这样一个毫无准备而意外失去了自己工作的人。多年以来，他从不考虑为将来储蓄，花光了自己所有的工资。他绝望地说："想起这些来我就后悔，几年来，如果我一天能够存上1美分，持之以恒，那么我现在也应该有不少的积蓄了。想到自己以前这么傻，我就要发疯。现在这样真是自作自受呀！"

细微的琐事可能是生活中最重要的事情。不积小流，无以成江河，不积跬步，无以至千里，忽视点滴的积累是可笑而荒唐的。

1美分对你来说可能微不足道，但是它却是财富得以生长的种子。

每一枚硬币都是一棵财富之树的种子，是我们人人都羡慕、人人都渴望拥有的财富之树的种子。如果你幻想自己拥有一棵这样的树，如果你想年老的时候可以过上安逸的生活，你就要理智地行动。从现在开始，认真地对待每一个硬币吧！

如果能够节俭地利用自己的收入，免除不必要的开支，那么几乎任何一个壮年劳动力都能够自给自足。但不幸的是，人们往往会发现，这却是一件世界上最困难的事情。许许多多的人甘愿艰苦的工作，但是能够做到生活节俭、量入为出的人却不到1/10。大多数人的收入没过多久就被吃喝一空，他们从不拿出一小部分作为积蓄，以备在疾病或者失业等紧急情况下使用。所以，在金融危机的时候，在工厂倒闭的时候，在资本家冻结资金不再投资的时候，他们就会陷入困境，甚至要破产。那些赚来钱就立刻花掉，从不为未来作任何储蓄的人，不会比一个奴隶过得更富足。

"假设他有一定的能力和理智，"菲利普·阿莫说，"一个节俭、诚实和有经济头脑的年轻人怎么会不成功呢？怎么会没有财富上的积蓄呢？"

当被问到什么品质使他成功的时候，阿莫说："我认为，节俭和运用财商创富是重要的原因。我从妈妈的教育中获益匪浅，我继承了苏格兰祖先们的好传统，他们都很节俭，讲究理财原则。"

每一个年轻人都应该知道，除非他养成节俭的习惯，否则他将永远不能积聚财富。在开始的时候，即使只节约几分钱也要胜过不做任何的储蓄；随着时间的变化，他将会发现，拿出一部分作为积蓄变得越来越容易了。银行积蓄的快速增长会令你吃惊，那些能够这样做并且持之以恒的人将会过一个幸福的晚年。有的人总是悲叹他没有变得富裕起来，因为他花掉了他所有的收入。一个人应该学会的第一件事情就是存钱，这样他会变得节俭，这是最宝贵的习惯。节俭是财富的创造者。节俭是文明人和野蛮人的分界线。节俭不仅创造财富，而且还磨炼一个人的意志，培养一个人的品格。

"想要"的还是"需要"的

消费动机对消费行为起着至关重要的作用。消费动机决定着消费行为，在消费活动中，消费者树立正确的购买动机非常重要。

正确的消费动机很多，主要有以下几种：

第一种是生存类购买动机。这种购买动机多出自于生活所必需，不购买就不能生存。如购买油、盐、柴、米、衣服、鞋、帽等日常生活用品。这种购买动机为所有消费者所共有，是最基本的。

第二种是理智类购买动机。这种购买动机对要购买的商品有计划性，有一个深思熟虑的过程，并在购买前作了一番调查研究，对所购买商品的特点、性能、价格、质量、用途等做到了心中有数，购买时重视商品的质量和耐用性能的挑选，购买后不轻易退换。

第三种是自信类购买动机。这种购买动机大多有一定的目标，不受他人的影响，毫不怀疑地按选定目标去购买，即使情况变化，也坚定不移地去购买。

除了正确的购买动机外，还有一些购买动机，很难区分对错：

一是被迫类购买动机。这种购买动机往往是购买者求助于人办事，需要请客送礼来还情，不得不购买，是被迫违心地花钱。

二是保守类购买动机。这种购买动机多发生在商品供大于求时，观望等待，选择性较强，不称心合意不买。

还有几种购买动机不正确，是绝对要抛弃的：

一是冲动类购买动机，这种购买动机通常被商品新奇的外观、便宜的价格所吸引，感情冲动，心血来潮，不顾自己是否需要，草率购买。

二是时髦类购买动机。这种购买动机通常被社会上流行某一种时髦的款式所驱使。爱买服饰是女人的天性，尤其在这个消费过度的年代。

日本女星"流行教主"滨崎步是个鼎鼎有名的拜金女。滨崎步喜欢法国名牌LV，据说光是LV大大小小的包，她就有200多个，而且在持续增加中。2001年，滨崎步到新加坡领取最具领导力的艺人奖，光是两三天的行头就足足带了十几大箱，而且全是LV的大包包，派头十足。

商家喜欢用大幅的海报、醒目的图片和夸张的语言吸引你，现在有减价、优惠、促销等活动，有时特价商品的价格还会用醒目的颜色标出，并在原价上打个"×"，让你感到无比的实惠。

如果你面对诱惑蠢蠢欲动，但是又发现物品的价钱超出你的承受能力，那么你应该分析"想要"和"需要"之间的差别。

把钱和注意力集中在有意义的或是有用的东西上才值得，如果是真的"需要"，那么可以在其他支出方面节省一些，在预算范围内还能抽出钱来购买所需的东西；如果只是单纯的"想要"，想一想那些因你冲动购买而仍被置冷宫的物品吧！你还要再犯相同的错误吗？

其实，人们对物品的占有欲与对物品的需求没有什么关联，你可能并不是因为需要某样东西才想去拥有它。此时不妨先冷静一下，转移注意力，当你隔几天再回头看时，说不定发现你已经不想再要那个东西了。这样，尽管你买的东西比想要的少，但是能收益更多，并逐渐养成良好的消费习惯。

另外，还要远离"遗憾消费"。心理学家和心理医生指出："遗憾消费"可以说是轻微心理变态的一种表现。在购物中，压抑的心情虽可以有所缓解和得到发泄，但为此却常常付出了可观的金钱代价。

"遗憾消费"的形成有很多原因，也因人而异，它不仅和人的性格、阅历、收入水平有关，而且还和人的修养水平有一定的联系。怎样才能有效地防止这种"遗憾消费"呢？下面教你几招小技巧，你可以试一试。

首先，不要一次性购买。换句话说就是不要突击花钱，采取统筹兼顾、随遇随买的办法。家庭消费应该从大处着眼，小处着手。买东西最好有个计划，各个击破，切忌全面开花。

其次，冲动性购买不可取。就是说不要在事先无计划的情况下，临时产生购买行为。尤其是不要受广告和精美包装的冲击及片面追求新奇和从众心理的影响，打乱了正常的消费开支。避免冲动，要遵循价值原则，所购物品应是生活必需品，遇到可买可不买的东西，不管别人怎样抢购，也不要盲目从众。

要远离"遗憾消费"，最重要的一条是买任何东西都要有主见，要选择适合自己的商品消费。要克服缺乏主见的购买行为，就要培养自己的合理决策能力。首先，要有自己的主见和信心，不要盲目地模仿别人，也不要盲目地听别人说三道四，这样就会增强我们对购品的鉴别力；其次，要在购物中进行合理决策，掌握所购商品的行情信息，这样就能在购物中避害趋利，减少后悔。

不选贵的，要选对的

买东西并不是越贵越好，只有适合自己的才是最好的。

事实上，在正常情况下，商品绝不可能既是最好的又是最便宜的，这是我们大家都明白的道理。而要想真正做到令自己满意，先要对所谓的"好"

有一个切实的界定。

卖的人精，买的人也不傻，贵东西必然有它贵的道理。但对这贵东西的"好"则要具体分析，传统认为所谓的好，多表现在材料、制造、设计、工艺等方面。在现代社会，"好"的方面要广泛得多——两件材料、制作、工艺等完全相同的西服，名牌的比非名牌的就可能贵上好几倍，那些多出来的钱不是花在商品上，而是花在牌子上了。有的时候两件质量、款式一样的商品，豪华店、精品店卖的就比在普通商场里贵得多。因为前者地处繁华区、装修考究、服务周到，这些钱都要让消费者掏腰包，所以它贵也不是没有道理。多元化是现代社会消费的一个重要特征，所谓好与坏的标准常常不能用一根固定的尺子来衡量。可见，东西越贵越好是没错的，只看这"好"是否能为你所接受。如果超出你的承受范围，就会给你带来很繁重的负担。

事实上在正常情况下，商品绝不会既是最好的又是最便宜的，这是我们大家都明白的道理。而要想真正做到令自己满意，应先对于所谓的"好"要有一个切实的衡量标准。比如，装修居室：商店里的木地板价格便宜的每平方米30元，但贵的也有100～200元的，论质地更是令人眼花缭乱。这时就不要管价格，而是先就自己房屋装修的档次、规格、颜色等，选择较为满意的木地板。这里的"满意"与装修的好坏程度及个人的审美标准有关，而不是单指东西的好坏，然后在满意的基础上再选取价廉的。如果在这些木地板中，觉得中等档次的与自己的装修水平相适应就叫"满意"，那么可以在这一类里进行选择。当然，你会发现同样符合条件的木地板，每平方米45元的比60元的合算。

1. 买东西还要分清购买时机

什么是最佳购买阶段？花的钱最省，买的东西又不落后，那就是最佳购买阶段。

商品特别是耐用消费品的出现总要经历开发、研制、小批量生产、大量投产、萎缩等阶段，然后是又一轮的开发、研制……

在最初的开发、研制阶段，产品的性能还不稳定，但十分新潮，产品的成本高、售价贵，市场销量逐步上升，但升幅不大，这个阶段的商品不宜购买。应等到进入批量生产阶段，此时商品的性能、质量逐渐趋于稳定，生产批量大了，价格有所下降。假如不是特别急需使用，最好再等一等，因为其价格还未降到低谷。

在之后的维持量阶段，市场已接近饱和，形成买方市场，价格大幅下降，这时才是最佳购买阶段。这个阶段不但价格合算，而且产品质量进一步完善，厂家竞争也趋于白热化，消费者正可坐收"渔翁之利"。这说起来好懂，但真的做到"恰到好处"也难。

欣欣特别喜爱手机，刚参加工作就花上万元买了一个"最新款"，谁知还没过1年，市场上这款手机的价格已降到不足5 000元，不能不说损失惨重。可见，找准最佳购买阶段是把钱花到实处的重要一环。

许多女人都崇尚名牌，名牌的优良品质是许多人选择的原因，你能花较少的钱购买名牌吗？名牌消费的科学能帮你省下不少银子。

名牌的信誉和质量都是毋庸置疑的。比如，诺基亚的手机，美的的小家电，佳能的相机，这些东西都是所在领域的佼佼者。如果想一劳永逸，我们不仅要接近名牌，而且要学会买名牌产品。只有具备了名牌消费的方法，我们才能在护住自己银子的同时又拥有价廉物美的物品，何乐而不为？

2. 挑选名牌时要注意，东西的价与值是否相符

利用打折期间挑选名牌，你一定能买到物超所值的名牌。

比如服装，较符合价与值相当原则的是一般平价的名牌，如果你选对了买的时间，在打折期间，甚至比仿冒品还便宜许多。

名牌打折其实不难碰到，很多名牌专柜通常都会配合商场做换季甩卖，有时也有"花车特价品"，所以，偶尔逛一逛商场的特卖场，就可以捡到便

宜货。

对于消费名牌，也要学会钱要花在刀刃上，价格与品质相差很多的名牌最好不要买。只有在价格打了折扣时，买名牌才符合理财的原则——划算，让钱财发挥最大的效用。其实，购物是一件相当感性的事，但重点在于商品或服务的价与值一定要相当，才真的有价值。

名牌消费得当，也是有钱人的一种花钱方法，只有真正学会挑选价廉物美的名牌，你的钱袋才会保住。

永远不要讲排场乱开支

大多数人或许都认为，成功人士就是开着新型豪华跑车，手持各类昂贵的VIP卡，佩戴名牌手表，穿着名牌衣服、鞋子，住在豪华别墅里的人。

拥有这一切的人的确令人羡慕，因为表面上看起来他们过着比一般人好得多的生活。事实上，有很多人在提前透支过着一种自己根本负担不起的生活，他们在拿着自己的虚荣心到处炫耀。

小月夫妇是一对典型的现代时尚"月光族"。他们两个人都在外资公司工作，四位家长也都各有收入，不用他们孝敬。按说他们两个人每月收入高达两三万元，应该可以存下不少钱，但是钱这东西往往来得快走得也快。

没多久小月怀孕了，老公及四位家长都不同意她再独自驾车上下班。小月老公已有一辆别克，两人听说车子不经常开就特别容易出故障，于是两人便决定将小月的Polo车卖掉。

这辆Polo车买来还不到1年，总共跑了还不到1万千米，但是卖二手车的价格却只有新车的70%，还不包括上牌等一系列的费用。也就是说，这辆车从买回家到卖出去虽然不到1年时间，但是两人损失就高达5万多元。

不久小月夫妇同时看上了一款进口的新型宝马车，于是在"五一"节促销活动中，两人终于禁不住诱惑花80多万元买下了这款车。从那以后，小月家的那辆别克车就被冷落在车库里，每月光养车费就白花三四千元。

任何商品的总成本中都包括购买和运转两大直接成本，除此之外，还包括一种叫做"机会成本"的东西。机会成本是指投资者可以用资金做其他的投资用途。就以小月夫妇为例，他们将80多万元用于购车，就无法将这笔钱进行别的投资了，因此也就无法得到其他投资的收益。

如果小月夫妇用这80多万元投资一套住房，几年之后，房子的价格就会上涨，他们的资金也将升值，而他们购买的汽车的价格却在急剧下跌。

事事难以预料，小月的老公因为工作上的事与他的顶头上司发生了争吵，最终辞职离开了公司。在失业的一段时间里，他发现自己不仅失去了物质来源，也失去了自己以往的身份。过去他将大部分时间用来上班、应酬、挣钱，那些都是为了"秀"给别人看，而现在他丢掉了工作，一切都只有从头再来了！

他终于领悟到，"金钱容易引发意外，任何人对待金钱都要谨慎，否则就要损失金钱。先要学会看管少数金钱，然后才可以管理更多金钱，这是最聪明的提防金钱损失的办法。"

一个人不管多么富有，绝不能随意挥霍钱财。在宴请宾客时，以吃饱、吃好为主，不要讲排场乱开支。在生活中，以积蓄钱财为尚，不要用光、吃光，手头空空的。

有人曾测算过，依照世界的标准利率来算，如果一个人每天储蓄1美元，88年后就可以得到100万美元。这88年的时间虽然长了一点，但每天储蓄2美元，在实行了10年、20年后，很容易就可以达到10万美元。一旦这种有耐性的积蓄得到利用，就可以获得许多意想不到的赚钱机会。

努力挣钱是行动，设法省钱是节流的反映。财富需要努力才能得到，需要杜绝漏洞才能积聚。女人是管钱的匣子，所以女人一定要学会省钱节流。

账本，告诉你钱去了哪里

居家过日子，进进出出的开支非常零星。一日三餐、交通、娱乐等，看上去好像很固定，但总是会有一些不经意的额外支出，到月底时吓你一跳，不仅仅大大超出了预算，还思前想后不知道钱花到哪儿去了。所以，从现在开始就赶快准备一个账本，记下你生活中的每一笔开支。这个方法看似简单，却非常有效。

要记账，首先要选择好记账的方法。只要肯花时间，从每天的记账开始，把自己的财务状况数字化、表格化，不仅可轻松得知财务状况，更可替未来做好规划。

一般人最常采用流水账的方式记录，按照时间、花费、项目逐一登记。若要采用较科学的方式，除了需真实记录每一笔消费外，更要记录采取何种付款方式，如刷卡、付现或是借贷。

其次要特别注意记好钱的支出。资金的去处分成两部分：一是经常性方面，包含日常生活的花费，记为费用项目；二是资产性方面，记为资产项目。资产提供未来长期性的服务，例如，花钱买一台冰箱，现金与冰箱同属资产项目，一减一增，如果冰箱寿命为5年，它将提供中长期服务；若购买房地产，同样可带来生活上的舒适与长期服务。

最后要搜集整理好各种记账凭证。如果说记账是理财的第一步，那么集中凭证单据一定是记账的首要工作，平常消费应养成索取发票的习惯。平日在搜集的发票上，清楚记下消费时间、金额、品名等项目，如没有标识品名的单据最好马上加注。

此外，银行扣缴单据、捐款、借贷收据、刷卡签单及存、提款单据等，都要一一保存，最好放置固定地点。凭证收集全后，按消费性质分成食、衣、住、行、育、乐六大类，每一项目都按日期顺序排列，以方便日后的统计。

记账贵在坚持，要清楚记录钱的来去。无法养成记账的习惯，除了意志薄弱，记账太琐碎也是原因之一，好像不值得为了记录金钱支出下这么多工夫。

事实上有一些记账小技巧，可以协助持续记账的习惯：

首先是概略记录法。日常生活点点滴滴的花费相当琐碎，能够逐项记载当然最好，不过如果纯粹因为这个因素而放弃记账的人，可以使用仅记录大略支出的方式代替。例如，每日三餐费加起来总共25元，那么，1个月的伙食费即可记录为750元（25×30）。其他项目也可比照这种做法办理，简化方式、记录重点，就容易把记账变成习惯维持下去。

其次是支出检讨法。仅是流水似的记录每日的消费还不够，更重要的是要从这些枯燥的数据中分析出省钱的技巧。检讨包括两部分：其一，就收入面来看，想想有没有其他"开源"的可能性；其二，就支出面来看，检视每笔花费是否必要与合理。

除了记下平时的生活花费以外，还要有家庭财产记录。家庭有必要建立理财的三个账本：理财记账本、发票档案本、金融资产档案本。

（1）理财记账本。其账簿可采用收入、支出、结存的"三栏式"，方法上可将收支发生额以流水账的形式序时逐笔记载，月末结算，年度总结。同时，按家庭经济收入（如工资收入、经营收入、借入款等）、费用支出（如开门七件事、添置衣服等费用）项目设立明细分类账，并根据发生额进行记录，月末小结，年度做总结。

（2）发票档案本。发票档案本主要搜集购物发票、合格证、保修卡和说明书等。当遇到质量事故给自己带来损失时，购物发票无疑是讨回公道、维护自身合法权益的重要凭证，所以一定要妥善保存。在保修期内，保修卡是商品保修凭证，在发生故障时，说明书是维修人员的好帮手。

（3）金融资产档案本。金融资产档案本能及时将有关资料记载入册，当存单等票据遗失或被盗时，可根据家庭金融档案查证，及时挂失，以便减少或避免经济损失。

第七章 养成储蓄的习惯，攒下人生的桶桶金

想想看，如果你从22岁就开始存钱，就算只是把闲钱存下来，你可以存下多少钱？其实，每月将部分收入自动转存到固定的账户，多年的累积一定会为你打造一个名副其实的"黄金存折"。

你的储蓄习惯是你的财富

越早学会理财，就越早掌握获取财富的技能。只有越早树立投资理财的意识与追求财富的观念，才能在资源竞争越来越激烈的现代社会中更易、更快、更早获得成功。现代社会是经济时代，或者叫财富时代，衡量一个人的主流价值标准就是财富。所以，女性朋友们，请马上开始储蓄吧！

怎样才能养成储蓄的习惯？

1. 积攒零钱

很多人从孩子开始，就有很多零钱，但是却不会想到要储蓄。结果，当发现没钱可存时，才会提醒自己平时应该把钱存起来。为此，你可以给自己买一个小储蓄罐，一有零钱，就立刻放进去，持之以恒，储蓄罐就会满满的。

2. 银行储蓄

不管你采取哪种储蓄模式，你一定要鼓励自己在干其他的事情之前，先将一部分钱付给自己——即把钱存到银行里。有人建议强迫储蓄，就是一拿到薪水就先抽出25%存起来。长期下来，就可以收到很好的效果。当然，方式可以不加限定，但你务必要在规定的日子里把钱存到银行，以形成储蓄的习惯。

3. 为储蓄设定目标

如果你要存钱做什么事情，建议你写在纸上，并写明希望实现的日期。然后把它放到容易看到的地方，使自己能时时看到目标，以起到提醒的作用。

4. 不时回顾

不时地看到自己的银行储蓄在一点点地增加，会体会到数字逐渐变多的喜悦。时间久了，你便会感受到金钱得来不易。这些钱都是自己辛苦挣来的，一定要珍惜，不能随意地花。

聪明理财，做好个人的收支管理

据统计，目前国内城市居民一个家庭平均拥有5个以上的账户。有些人薪资转账、基金、证券、贷款、定期存款都放在不同的银行账户里，拥有5本以上的存折一点也不奇怪，但是管理起来也比较麻烦。

很多人都拥有5家以上银行的储蓄卡，但是每张卡上面的余额都所剩无几，由于现在商业银行普遍开始征收保管费——也就是余额不足100元，每存1年不但没有利息而且还要倒贴大约2元钱的保管费。如果不加管理，无疑会让自己辛苦赚来的钱四处"流浪"，或是让通胀侵蚀其原有的价值。建议整合你的账户，做好个人的收支管理，才能够将存折的资金流动记录转变为财务管理及理财分析的信息。

此外，可以多加利用网上银行，也能方便快捷地查阅管理自己的收支情况，至少每个月都要查询，才能清楚自己的钱都流去了哪里。了解自己在投资、储蓄与消费上的比例，有助于在平衡生活的同时做出明智的投资决定。

女性朋友应该尽早开始投资和储蓄，起步越早，成功的机会就越大。女人要懂得理财，人生就是要由自己来掌控，学会理财才是追求独立自主的基础。女人有钱，不光是为了追求享乐，而是要找回自己。懂得理财，就可以不必当钱的奴隶，就可以决定自己的生活质量。当然，绝对不能为了金钱而不择手段，只有这样，你的人生才会幸福！

聪明女性，养成记账的好习惯

账单最大的作用，除了警示消费人"你最近花钱有点太多了"之外，还能详细列出，你究竟是哪一项开支需要节约。

小新是新时代的精明女性，在接到招商银行寄来的信用卡账单记录之后，小新不禁皱了皱眉头，根据这张账单的显示，除了每月固定的房贷支出外，最大的花费居然是通信费用。除了经常与国外客户联络，拿起手机就打电话的习惯，也导致通信费居高不下。在看了这张分析表后，小新立马开始控制该项支出，能用固定电话的时候尽量不用手机，手机只用来接听，同时运用Skype和国外客户联络，结果每个月起码剩下了五六百元。

聪明的女性会时刻关注自己的收支情况，身边总是会备有一个小账本，把每天的消费支出都记录下来，然后每个月都进行比较总结，找出哪些钱应该花，哪些钱不应该花。然后在下个月消费时就会注意，从而节省开支。收集发票也是一种简单的记账方法，计算一下这个月总共的发票金额，消费记录基本上也就历历在目了。

改变你的消费习惯小贴士：

在大减价时购买东西，原本是可以用较少的金钱买到想要的东西。但如果事先没有预算的观念，很可能会因为打折期的闲逛而产生更多预算外的花费。购物本来是一件让人心旷神怡的事情，聪明的女性朋友可以运用聪明的省钱购物绝招，让自己在买东西时精省"小钱"，然后将小钱存成大钱，这样才不会到最后望着满屋子买回来的战利品及账单，摇头感叹：自己真是个败家女！

同样，查清每一笔钱的来龙去脉也一样重要，这样才不会造成财产的凭空蒸发——这绝不是危言耸听。很多女性朋友可能会有这样的体验：月末粗略估算自己这个月的花销的时候，怎么也算不平账，明明记得只花了1 400元，怎么支出总额却是2 600元？还有那1 200元钱到哪里去了？

追查每一笔钱的来龙去脉，最好的方法就是做好存折管理，因为现在大部分人都把钱存在银行，存折上会记载你在银行所有资金进出的记录。聪明的女性每个星期至少刷一次存折，或是在网上银行上查看金钱进出的历史记录，只要5分钟，你就能了解每一笔钱的来往状况，进而提醒自己要开源节流。

用好银行，服务自己

女性朋友们要学会利用银行来存钱，储蓄宜早不宜迟，越早储蓄，你也就会越早积累到财富，越早拥有积蓄展开投资的经费。

一般来讲，储蓄的金额应为收入减去支出后的预留金额。在每个月发薪的时候，就应先计算好下个月的固定开支，除了预留一部分"可能的支出"外，剩下的钱都以零存整取的方式存入银行。零存整取即每个月在银行存一个固定的金额，一两年后，银行会将本金及利息结算，这类储蓄的利息率要高得多。将一笔钱定存一段时间后，再连本带利一起领回是整存整取。与零存整取一样，整存整取也是一种利率较高的储蓄方式。

也许有人会认为，银行利率的高低关系不大，其实不然。在财富积累的过程中，储蓄的利率高低也很重要。当我们放假时，银行也一样在算利息，所以不要小看这些利息，1年下来也会令你有一笔可观的收入。

银行都提供什么服务呢？

首先，和我们密切相关的是，银行为我们提供薪水发放的服务。

其次，银行还有不同种类的存款，如零存整取、活期储蓄、整存整取、支票存取、专项储蓄等。除了活期存款可以随时存取现金外，定期存款还有3个月、6个月、1年、2年、3年等不同的期限和利率档次，每个人都可依自己不同的需求进行选择。

再次，除了存款，银行还提供贷款的服务，一般有消费性贷款，如汽车消费贷款、购房贷款等。

此外，在银行可办理代缴转账。即家里的水电费、电话费、手机费、信用卡消费的代缴等。

汇款也是银行服务的一种，如要汇钱给别人或是转到某地，可以直接将钱经过银行汇给对方。在此项服务中，银行只收取部分手续费。

如果你要买外国的货币，或需带汇票、旅行支票出国，也可以通过银行办理，回国之后如果用不完，仍然可以返给银行。

说起银行，就不能不提到支票。

很多人以为支票只是生意人的工具，但在西方国家，很多人去超级市场买东西或吃饭等日常生活花费也都用支票，很少会用到现金。事实上，支票和信用卡一样普及，是日常必需品。

如果用现金付款而没有拿收据或发票的习惯，就常会忘记款项的用途，以支票支付能避免这种不足。支票上有号码，可以写收受人的姓名及款项的用途，由于支票要经过银行，因此每一笔现金往来都会有记录，可方便查询及对账。一般来说，支票应是见票即付的，但大部分的人会以支票作为延迟支付的工具，开1个月的票，可以生1个月的利息。有些人还会使用远期支票向银行办理融资，称为客票融资。也就是需要现金时，将收到的远期票送至银行，经银行分析核准后先行垫付，等支票兑现，扣除融资的利息，再将剩余的金额付给融资者。

尽量以支票付款，这样做不但能够使资金安全、方便地交换，而且能够帮助你养成记账的习惯，做到有账可查。

和银行打交道，还要学会挂失。

储户在银行或信用社的存款，唯一的凭据就是银行存单或存折。

支取存款时要凭存单或存折，如凭印鉴支取，还必须预留印鉴。一旦发现遗失，无论存折是否到期，都要持本人的身份证件到银行办理挂失手续。办理手续时要说明遗失的原因，并提供原存款的时间、种类、金额、户名、账号及存入日期等有关情况，向原存款银行声明挂失止付。银行根据所提供的内容查找储蓄存单底卡，如存款确未被领走，由储户填写"挂失申请书"，办理挂失止付手续。在办理手续7天后，由银行向储户补发新存折；凭印鉴支取的存单或存折挂失时，必须在挂失申请书上加盖印鉴。如存款在挂失前已被冒领，银行应协助查找，如未找到银行不负责任。

另外，信用卡也是银行的主要业务，平时大家用得也比较多。

信用卡的使用有如下五大技巧。

1. 信用卡透支你会算利息吗

"信用卡免息50天"也有例外，稍有疏忽就有可能支付高达18%的年息和5%的滞纳金。

2. 信用卡取款没有免息

"我就不明白，信用卡里的钱是我自己存的，我再取出来为何还要收我30元的手续费？"手头有急用的张小姐临时从信用卡里取了200元钱，可她一看对账单，手续费竟然高达30元，如此高额的手续费让张小姐心里觉得窝火。

各家银行信用卡取现金都要收手续费，而且更为关键的是，如果是透支取款，1天的免息期都没有。这样持卡人不仅要缴纳几十元的手续费，还要缴纳每天万分之五的透支利息。

3. 选择"最低还款方式"没有免息期

许多持卡人在拿到银行寄来的对账单时会发现，一般对账单上都有全额还款和最低还款两种还款方式供持卡人选择，其中最低还款一般只需偿还透支金额的10%左右。持卡人千万别想当然地按照自己认为的最低还款额还款，由于加了利息，还款金额也在增加，因此持卡人一定要按照银行对账单上的还款额来还款，否则不仅享受不到免息期，还要为未还款的部分支付5%的滞纳金。

4."花外币存人民币"，别到最后几天再还款

"我明明是在最长免息期的前两天去还款的，银行凭什么要收我100多元的利息和滞纳金？"去银行还美元的刘女士被告知，美元还美元当天生效，人民币还美元却需要3~5天的入账时间，如此一来，等到刘女士的钱到账，已经过了免息期，不得不补缴一笔利息和滞纳金。

招商银行、中信银行、中国银行都已规定，不管是人民币还是美元还款，还款都当即生效，人民币入账耽误的责任都由银行承担，但是也有银行存在着"花外币存人民币"的滞后现象，因此持卡人最好别卡在最后两天的"节骨眼儿"上再去还款。

5."50天免息期"各家银行计算方法不相同

目前各家银行规定的50天（或56天）免息期计算并不相同，持卡人最好也能心里先有个底。其中，工行规定本月消费到下月25日为免息期。假设持卡人是上个月30日消费的，那截止到本月25日，免息期为25天；如果持卡人是上个月1日消费的，免息期就为最长的56天。招行信用卡则每张都有一个记账日，免息期=记账日期+18天。假设5日是你的信用卡的记账日，那么在3日的消费，免息期就为本月3日到当月23日，共21天；如果是在6日消费，那么从本月6日到下个月的23日，49天都属于免息期。中信银行也是每月有一个记账日期，最长免息期为56天。

银行储蓄细微规定小贴士：

银行储蓄，在目前仍是大多数人首选的理财方式。但在银行储蓄中有一些细微的规定，影响着储户的利息所得。

　　在银行的规定中，各种存款以元为计算单位，元以下的角、分则不计息。存期是指从存入之日起，至取出的前一天为止，即存入当天计息，支取当天不计息。存款的天数按1个月30天，1年360天计算，不分大小平月。30日、31日视为同一天，30日到期的存款31日来取不算滞后一天，31日到期的存款30日来取也不算提前一天。活期存款遇利率调整，不分段计息，而以结息日挂牌公告的活期存款利率计息。定期存款遇有利率调整，不受影响，仍按存入之日公布的利率计算。定期存款如部分提前支取，提前支取部分按支取日当天活期利率支付，剩余部分按存入时定期利率计算。定期存款如全部提前支取，都按支取日当天活期利息支付。定期存款到期未取的，除办理了自动转存业务的以外，从到期之日起至支取日期间的利率，按支取日当天挂牌公告的活期存款利率计息。

　　虽然这些规定对于小额存款的利息几乎难以察觉，但对于大额存款的利息所得，影响也是很大的。

储蓄是投资的蓄水池

　　储蓄虽是所有理财途径中风险最小的，但也是收益最小的，在高通货膨胀的时代，储蓄的利率如果低于通货膨胀率，银行里的钱就等于越存越少。明白了这个道理的人们，都不甘心把自己辛苦赚来的钱放到银行，而是想尽办法投资理财产品。因此，在个人理财产品大行其道的今天，"理财"似乎也成了"储蓄"的代名词。有许多人忽视了合理储蓄在理财中的重要性。不少人错误地认为只要理好财，储蓄与否并不重要。

　　安莉就是个只重投资不重储蓄的女孩，她几年前刚刚本科毕业，现为某公司的业务员，每月保底收入2 000元+提成+公司奖励。安莉是个典型的江浙女孩，人漂亮又会打扮，最主要的是头脑灵活会赚钱。

安莉还在大四实习期就被这家公司选中，虽说死工资不多，可是小姑娘特有经济头脑，每个月总能为公司拉到不少生意，光提成就有2 000多元。由于业绩突出，公司还会额外发给她不少奖金。这样下来，每个月安莉的收入都在5000元以上。

但安莉认为，存钱是件费力不讨好的事，于是她几乎把钱都投入了基金和股市。前些年看到房价不停地涨，她想抛掉股票投资房产，可是却被深深套牢怎么也动不了，还没有买房的安莉，只好眼巴巴地看着房价一路飙升，自己干着急。虽然安莉2006年在基金和股市打了翻身仗，可是相对飙升多年的房价，依然是小巫见大巫。

事实上，合理储蓄是个人投资理财的基础，每月的储蓄是投资第一桶金的源泉，只有持之以恒，才能确保投资理财规划的顺利实行。所以说只有做到合理的储蓄，才算迈开了投资万里长征的第一步。

定期存款还是活期存款

银行存款是最传统的存钱渠道之一，可分为活期性存款和定期性存款两类。前者利息较低，但随时可以存领，而且金额不拘；后者利息较高，但有存款期限，未到期前提款，会有利息的损失。储蓄的目的是为了累积财力，所以最好不要经常动用已存下来的钱，基于这种考虑，以定期性存款做为储蓄较佳，活期性存款则只用来存放家庭的急用款，保持大约3～6个月的生活费用就够了。定期性存款又分为定期存款和定期储蓄存款，前者需要整笔的资金，后者则可以采用"零存整付"的方式。

只有在一定期限内不用的钱，才适合存定期，而且期限越长利率越高。这里很关键的一点是把期限确定好，比如：存一笔定期1年的钱，结果半年刚过便有急用，不得不提前支取，这半年银行只按活期存款的利息计算，就不如当初存半年定期，那样利息会比活期的高得多。

鉴于期限越长，利率越高，所以定期储蓄是长线投资的一个重要手段，即使国家利率调低，已存的钱利率也不变，而若调高，则从调高之日起，按高利率计算，这是银行的惯例，也是国家保证储户利益不受损失的措施。

家庭主妇林女士，有一笔私房钱5万元，这笔钱在几年内都用不上。但是存活期利率为0.72%，1年下来税前利息只有135元，她觉着这样太不划算。因此她在保证这笔资金在几年内都不会动用的情况下，选择"整存整取"这种定存方式，因为这种方式是所有定存里面利息最高的。

而白领小张，月薪为6 000元，刚工作，没有太多的积蓄，并且不能保证这些积蓄是否不动用，在这种情况下选择活期的方式就比较合适。

其实，活期和定期存款没有什么好与不好，关键是根据自己的情况，选择适合自己的存款方式。

就活期存款而言，目前银行一般约定活期储蓄5元起存，多存不限，由银行发给存折，凭折支取（有配发储蓄卡的，还可凭卡支取），存折记名，可以挂失（含密码挂失）。利息于每年6月30日结算一次，前次结算的利息并入本金供下次计息。

活期存款用于日常开支，灵活方便，适应性强。一般可将月固定收入（如工资）存入活期存折作为日常待用款项，供日常支取开支（水电、电话等费用从活期账户中代扣代缴支付最为方便）。

由于活期存款利率低，一旦活期账户结余了较为大笔的存款，应及时支取转为定期存款。另外，对于平常有大额款项进出的活期账户，为了让利息生利息，最好于每2月结清一次活期账户，然后再以结清后的本息重新开一本活期存折。

　　定期存款和活期存款有所不同，它是50元起存，存期分为三个月、半年、1年、2年、3年和5年6个档次。本金一次存入，银行发给存单，凭存单支取本息。在开户或到期之前可向银行申请办理自动转存或约定转存业务。存单未到期提前支取的，按活期存款计息。

　　定期存款适用于生活节余的较长时间不需动用的款项。在高利率时代（例如20世纪90年代初），存期要就"中"，即将5年期的存款分解为1年期和2年期，然后滚动轮番存储，如此可利生利而收益效果最好。在低利率时期，存期要就"长"，能存5年的就不要分段存取，因为低利率情况下的储蓄收益特征是"存期越长、利率越高、收益越好"。

　　当然对于那些较长时间不用，但不能确定具体存期的款项最好用"拆零"法，如将一笔5万元的存款分为0.5万元、1万元、1.5万元和2万元4笔，以便视具体情况支取相应部分的存款，避免利息的损失。若遇利率调整时，刚好有一笔存款要定期，此时若预见利率调高则存短期，若预见利率调低则要存长期。

　　女性朋友在选择活期还是短期时不能仅仅考虑哪个获得的报酬更多，要更多地结合自身的经济条件，选择适合自己的方式。

第八章 家庭理财知识，你了解多少

理财，在企业层面，就是财务；在家庭层面，就是持家过日子或管家。似乎自古以来家庭理财都是女人的专职，但在现代社会，理财是每个人都必须学会的生存技能之一。理财决定着家庭的兴衰，维系着一家老小的生活和幸福，尤其对于已成家的工薪阶层来说，更是一门重要的必修课。

一屋不扫何以扫天下？一家之财理不好，何以建立惊天动地的功业？

理财说难亦难，说易亦易。以理贯之，则极易；以枝叶观之，则繁难无穷。比如，子女的教育婚嫁、父母年迈多病及赡养、自己的生老病死，样样都离不开一个"财"字，如果缺乏统筹规划，家庭虽不至于一时拮据，但若像下岗工人那样突来人祸，则小康也必成赤贫。所以未雨绸缪是理财的核心思想。

家庭理财步骤

信息时代，假设大家都懂得电脑和网络的基础应用，最好都能懂得Excel软件的简单使用。理财步骤是以家庭为单位的，女性朋友可以参照其原理来实施。

1. 家庭财产统计

家庭财产统计，主要是统计一些实物财产，如房产、家居、电器等，可以只统计数量，如果当初购买时的原始单证仍在，可以将它们收纳在一起，妥善保存，尤其是一些重要的单证，建议永久保存。这一步主要是为了更好地管理家庭财产，一定要做到对自己的财产心中有数，以后方能"开源节流"。

2. 家庭收入统计

收入包括每月的各种纯现金收入，如薪资净额、租金、其他收入等，只要是现金或银行存款，都计算在内，并详细分类。一切不能带来现金或银行存款的潜在收益都不能计算在内，而应该归入"家庭财产统计"内。如未来的养老保险金，只有在实际领取时才列入收入。这虽然不太符合会计方法，但对于家庭来说，现金和银行存款才是每月实际可用的钱。

3. 家庭支出统计

这一步是理财的重中之重，也是最复杂的一步，为了让理财变得轻松、简单，建议使用Excel软件来代劳。以下每大类都应细分，使得每分钱都知道流向了何处，每天记录，每月汇总并与预算比较，多则为超支，少则为节约。节约的可依次递延至下月，尽可能地避免超支，特殊情况下可以增加预算。

（1）固定性支出。只要是每月固定不变的支出就详细分类记录，如房租或按揭贷款、各种固定金额的月租费、各种保险费支出等。种类可能很多，手工记录非常繁琐，而用Excel记录就非常简单。

（2）必需性支出。如水、电、气、电话、手机、交通、汽油等每月不可省的支出。

（3）生活费支出。它主要记录油、米、菜、盐等伙食费，及牛奶、水果、零食等营养费。

（4）教育支出。如自己和家人的学习类支出。

疾病医疗支出。无论有无保险，都按当时支付的现金记录，等保险费报销后再计入到月的收入栏。

（6）其他各项支出。每个家庭情况不同，难以尽述，但原理大家一看便知，其实就是流水账，但一定要记住将这个流水账记得详细、清楚，让每1分钱都花得明明白白，只要坚持做半年，必能养成"量入为出"的好习惯。使用Excel软件来做这个工作，每天顶多只需几分钟，非常简单方便。

4. 制定生活支出预算

参考第一个月的支出明细表，来制定生活支出预算，建议尽可能地放宽一些支出，如伙食费、营养费支出等一定要多放宽些。理财的目的不是控制消费，不是为了吝啬，而是要让钱花得实在、花得明白、花得合理，所以在预算中可以单列一个"不确定性支出"，每月固定几百元，用不完就递延，用完了就向下月透支。目的是为了让生活宽松，又不至于养成大手大脚的坏习惯。当今这个时代，就算你月薪有100万元，如果你大手大脚，1天也能花光。所以不知挣钱苦，就不知理财贵。

5. 理财和投资账户分设

每月收入到账时，立即将每月预算支出的现金单独存放进一个活期储蓄账户中，这个理财账户的资金绝不可以用来进行任何投资。

每月的收入减去预算支出，即等于可以进行投资的资金。建议在作预算时，要尽可能地放宽，一些集中于某月支付的大额支出应提前数月列入预算中，如：6月份必须支付一笔数额较大的钱，则应在1月份就列入预算中，并从收入中提前扣除，存入理财账户，在通常情况下不得用来进行任何投资，除非是短期定存或货币型基金。

经过慎重的考虑之后，剩下的资金才可以存入投资账户，投资账户可分为以下几种：银行定期存款账户、银行国债账户、保险投资账户、证券投资账户等。银行定存和银行国债是目前工薪阶层的主要投资渠道，这主要是因为大多数人对金融产品所知甚少，信息闭塞造成了无处可投资、无处敢投资。保险投资虽然非常重要，但一般的工薪阶层也缺乏分辨能力。

证券是一个广泛的概念，不能一提到证券，就只想到股票这个高风险的投资品种，从而将自己拒之于证券市场的大门之外，要知道证券还包括债券和基金。

警惕中国家庭理财的三大"疏忽"：

中国家庭理财讲究保守，许多人只知道银行这种理财方向。对于大多数中国家庭来说，他们最需要的是补充自己的理财知识。下面这些问题经常被许多中国家庭忽视。

疏忽之一：不提折旧

实际上，家庭固定资产包括的东西相当多，除了家具、家电外，还包括房产（必须有所有权）和装修。我们知道，一套房屋的装修成本也是很高的，刚装修好时，样子很不错，可随着时间的流逝，房屋的装修也会变得陈旧起来。通常，宾馆的装修是按照10年折旧的，作为家庭，我们也可以以此作为参考。如果一套房屋的装修费用是10万元的话，每年的折旧费就是1万元，这笔开销虽然不牵扯到现金流出，可也不是一笔小开支。同样的道理，房产本身也是要提折旧的，只不过折旧的年限长一点，通常是50年，一套50万元的产权房1年的折旧费也是1万元。对于自住房，提不提折旧似乎影响并不大，反正是自己住。但如果是投资性房产，靠出租赚钱，情况就不同了，不提折旧会使账面的利润很高，实际的收益却很低，许多开发商就是利用大家不注意折旧这一点，在广告上算出年收益率接近20%，吸引投资者购房。如果不具备一定的财务知识，是很容易上当受骗的。真有这么高的利润率，开发商就不会卖房了。

疏忽之二：月还款当成本

对于多数购房者来说，还是需要银行贷款作支持的，这样每月就会有一笔按揭还款。通常这笔钱被记入了成本，每月的收入中很大一块都是还按揭的钱。但这样处理是不够科学的，我们可以这样来分析，开发商在收到首付款和银行贷款后，已经全额收到了房款，这和我们一次性付款没有什么区别。房产到手后，就变成了固定资产，而固定资产是要提取折旧的，上面已经说过了。在我们的按揭还款中，包含两部分：一部分是本金；另一部分是利息。本金已经体现在固定资产中了，因此，不能再作为成本了，而利息则应该算作财务费用。由于利息是按月递减的，折旧每个月是相同的，因此，在开始的几年，费用和成本是比较高的，到后期会相对减少。

疏忽之三：房价上涨，差价入账

我们经常听到周围的人在说，去年买了一套房，今年升值了多少多少。实际上，只要房子没出手，升得再多也是不能入账的。既然房屋要提折旧，为什么升值的部分不考虑呢？难道买了房子就只有贬值的份？

这也是人们最容易产生误解的地方。前两年北京的房价涨势喜人，给人的一种感觉是房价只会升，不会降。其实，得出这样的结论是不正确的，香港的房价能够拦腰一刀，北京的房价难道就不会出现波动吗？又特别是如今政府加大了调控力度，以便房价"稳中有降"。因此，根据会计学的审慎性原则，我们是不能把房价的上涨算到收益里面去的。相反，如果遇到房价下跌，市价低于我们的成本价，我们还必须有提取固定资产减值的准备。香港明星钟镇涛不就是因为房产的大幅贬值而破产的吗？这样的教训够深刻了吧。

婚后夫妻理财法则

财务问题成为纠缠许多人婚后生活的一个重大的问题。夫妻双方都有保证对方财务状况的义务。女性朋友要多学习理财的相关知识，科学分配自己的财富，让婚后的生活更惬意。对财务的合理规划是婚姻走向成熟的第一步。

通常来讲，由于价值观和消费习惯上存在着差异，在生活中，每一对夫妻都会发现在"我的就是你的"和保持个人的私人空间之间会存在一些矛盾和摩擦。如果夫妻中的一个非常节约，而另一个却大手大脚、挥金如土，那么，要做到"我的就是你的"就非常困难，相互间的矛盾也就可想而知了。

虽然有很多的新婚夫妻因为财务问题处理不善，闹得吵吵嚷嚷、麻烦不断；但也有的小两口在面对这个问题时保持了必要的冷静，经过磨合，掌握了一些很好的法则，从而使自己的婚后生活达到了一种完美的和谐。这些法则包括下面几个方面。

1. 建立一个家庭基金

任何夫妻都应该意识到建立家庭就会有一些日常支出，如每月的房租、水电、煤气、保险单、食品杂货账单和任何与孩子或宠物有关的开销等，这些应该由公共的存款账号支付。根据夫妻俩收入的多少，每个人都应该拿出一个公正的份额存入这个公共的账户。为了使这个公共基金良好运行，还必须有一些固定的安排，这样夫妻俩就可能有规律地充实基金并合理使用它。你对这个共同的账户的敬意反映出你对自己婚姻关系的敬意。

2. 监控家庭财政支出

买一个比如由微软公司制作的财务管理软件，它将使你们很容易地就可以了解钱的去向。通常，夫妻中的一人将作为家中的财务主管，掌管家里的开销，因为她或他相对有更多的空余时间或更愿意承担这项工作。但是，这并不意味着，另一个人对家里的财务状况一无所知，也不能过问。理财专家黛博拉博士建议可以由一个人付账单，而另一个人每月一次核对家庭的账目，平衡家庭的收支，这样做能使两个人有在家里处于平等经济地位的感觉。另外，那些有经验的夫妻往往每月会坐下来谈一谈，进行一次小结，商量一些消费的调整情况，比如削减额外开支或者制订省钱购买大件物品的计划等。

3. 保持独立

现在是21世纪，独立是游戏的规则。许多理财顾问同意所有个人都应该有属于自己的私人账户，由个人独立支配，我们可以把它看做成年人的需要。这种安排可以让人们做自己想做的事，比如你可以每个星期打高尔夫球，他则可以摆弄他喜欢的工具。这是避免纷争的最好办法，在花你自己可以任意支配的收入时不会有仰人鼻息或受人牵制的感觉。然而，要注意的是，你仍应如实地记录自己的消费情况，就像对其他的事情一样，相互坦诚布公。你要把你的爱人看做是你的朋友，而不是敌人；要看做是想帮你的财政顾问，而不是想打你屁股的纪律检查官。

4. 进行人寿保险

每个人都应该进行人寿保险，这样，一旦有一方发生不幸，另一方就可以有一些保障，至少在财政方面是如此。你可以投保一个易于理解的险种，并对保险计划的详细情况进行详细地了解。如果在与你的爱人结婚前，你已经进行了保险，要记着使你的爱人成为你保险的受益人，因为这种指定胜过任何遗嘱的效力。

5. 建立退休基金

你将活很长很长的时间，但是也许你的配偶没有与你同样长的寿命。基于这个原因，你们俩应该有自己的退休计划，可以通过个人退休账户或退休金计划的形式，使你的配偶（或孩子）成为你的退休基金的受益人。

6. 攒私房钱

许多理财专家建议女人尤其应该储存一笔钱以便用它度过你一生中最糟糕的时期。根据你的承受能力，你可以选择告诉或者不告诉你的配偶这笔用于防身的资金；如果你告诉你的配偶，你应将它描述为使你感到安全的应急基金，而并不是在"压榨你丈夫"的钱。

协调夫妻双方薪水的使用

对一般的小夫妻而言，理财的关键在于如何融合协调两份薪水的使用，毕竟，双职工的工薪家庭占我们这个社会的大多数。但是，两份薪水也意味着两种不同价值观、两种资产与负债，要协调好它绝非易事，更不轻松。女人在这方面要尤其注意了，不要让它成为阻碍你家庭幸福的绊脚石。

所谓定位问题，一般来说，是要确定夫妻分担家庭财务的比例。在一般情况下，夫妻在家庭财务上的分担包括以下三个类型。

1. 平均分担型

这种类型的夫妻双方都从自己收入中提出等额的钱存入联合账户，以支付日常的生活支出及各项费用。剩下的收入则自行决定如何使用。

优点：夫妻共同为家庭负担生活支出后，还有完全供个人支配的部分。

缺点：当其中一方的收入高于另一方时，可能会出现问题，收入较少的一方会为了较少的可支配收入而感到不满。

2. 比率分担型

这种类型的夫妻双方根据个人的收入情况，按收入比率提出生活必需费，剩余部分则自由分配。

优点：夫妻基于各人的收入能力来分担家计。

缺点：随着收入或支出的增加，其中一方可能会不满。

3. 全部汇集型

这种类型的夫妻将双方收入汇集，用以支付家庭及个人支出。

优点：不论收入高低，两人一律平等，收入较低的一方不会因此而减低了彼此可支配的收入。

缺点：容易使夫妻因支出的意见不一致造成分歧或争论。

选择最合适的分担类型，首先要对家庭的财务情况进行认真分析，然后根据具体情况进行选择。所以在确定分担类型前，夫妻应该认真整理一份自己的家庭账目，并从中寻找到家庭财务的特点。简单地说，夫妻理财分收入与支出两本账即可，或者规定一个时期为一个周期，如1个月，或1个季度，一本账是收入，另一本账是支出，最后收支是否平衡一目了然。

收入账应记：①基本工资：各种补贴、奖金等相对固定的收入。②到期的存款本金和利息收入。③亲朋好友交往中如过生日、乔迁收取的礼金、红包等。④偶尔收入，如参加社会活动的奖励、炒股的差价、奖学金所得等。

支出账应记：①除了所有生活费用的必需支出外，还包括电话费、水电费、学费、保险费、交通费等。②购买衣物、家用电器、外出吃饭、旅游等。③亲朋好友交往中购买的礼品和付出的礼金等。④存款、购买国债、股票的支出。

夫妻财产明晰、透明

今天，夫妻理财从婚前财产公证到婚后的"产权明晰""各行其道"，已形成了一个比较完整的模式。这不仅仅是一种时尚的潮流，而是反映了中国社会、家庭结构变化和家庭伦理观念转变的趋势。

结婚不满2年的娟子有一肚子的苦水："我和丈夫几乎天天吵架。他给外面什么人都舍得花钱，从来不和我商量。家里经济压力很大，既要还车贷，又供着我单位的一套集资房。这些他都知道，可是真要他节省比登天还难。"

娟子还说，她和老公谈恋爱的时候就觉得他出手挺大方的，结了婚以后才反应过来，敢情这"大方"都是对别人的，自己家里那么多地方要花钱，他却说自己要应酬朋友，希望娟子"理解"他。

"结婚前我们约定要做一对自由前卫的夫妻，开销实行AA制，各人管个人的钱，可是现在看来，一对夫妻再前卫再另类，过起日子来还是像柴米夫妻一样。他很反感我过问他的财务，说钱该怎么用是他的权利。"

娟子的老公于先生面对娟子的指责也很不满，他很苦恼，妻子每天对他口袋里钱的去向盘查得近乎"神经质"，而她自己却三天两头地买新衣服、新鞋子。结婚后，按照先前的约定他和妻子实行财产AA制，因为他的薪水比较高，所以娟子希望他能多付出一点，但是正在为事业奋斗的于先生除了负担家庭支出，更多的财力都花费在了应酬、接济亲友、投资等事情上。因为妻子管得过死，于先生心理上接受不了，他反而变本加厉地"交际"。

这种矛盾在现代家庭中经常发生。专家说，不透明的个人财产数目和个人消费支出是这小两口家庭矛盾的真正核心，娟子和她老公的独立账户都不是向对方公开的，彼此之间又没能很好地沟通每笔花费的去向，从而失去了夫妻之间的信任感。

当男女两人组成家庭时，不同的金钱观念在亲密的空间里便碰撞到了一起，要应付金钱观产生的摩擦并不是一件易事。专家指出，夫妻间在理财方面意见的分歧，常常是婚姻危机的先兆。有人说，"夫妻本是同林鸟"，后面却又拖了一句"大难临头各自飞"。而这种连理分支情况的产生，往往是由于理财不当引起的。

夫妻双方该如何打理资产呢？该集权还是分权？花钱应以民主为宜还是独裁？一方"精打细算"，另一方却"大手大脚"时怎么办？这时候，夫妻AA制理财方式便新鲜出笼了。

所谓夫妻理财AA制，并不是指夫妻双方各自为政、各行其道，而是在沟通、配合、体谅的情况下，根据各自的理财经验、理财习惯与个性，制定理财方案。

夫妻理财AA制在国外极为普及。一位外国朋友说："我不能想象没有个人账户，没有个人独立会是什么样子。我认为，把我的钱放进我丈夫的账户里，或者反过来，把我丈夫的钱放在我的账户里，那简直就是愚昧。在我的家里，我负责50%的开支，我要的是对我的尊重。"

夫妻间管头管脚总是让人烦恼，这就使一定的个人资金调度空间显得十分重要。现实生活中青睐夫妻AA制的人还确实不少。一位主妇说，"我同丈夫现在就是明算账。他是一家公司的经理，收入比较高。通常，家中的重大开支如购房、孩子上学等我们都各出一半，各自的衣服各自负担。日常生活的开支由双方收入的30%组成，如有剩余便作为'夫妻生活基金'存起来，时间长了也相当可观，被视为一种意外收获。虽然我同丈夫的感情基础不错，但我们都有各自的社交圈，也许有一天，对方突然'撤股'，那么各自储备的资金将会弥补这种生活的尴尬。"

规避理财的10大错误：

理财无疑是目前全社会最为关注的话题之一。可是刚刚富裕起来的中国人理财方面的经验和传统实在是少得可怜，而国内理财行业受历史和体制影响尚不能提供科学完善的理财服务，所以几乎所有的中国家庭都存在着这样或那样的理财错误，最常见的有以下10类：

错误1.拥有30年的按揭

30年按揭可能是家庭理财中最普遍的形式，这也是一个最大的错误和阴谋。如果你已经有了30年按揭，那么计算一下你的上一笔偿付款是多少，在这个数字的基础上再加10%，就是你下个月给银行的金额，如此类推。如果你坚持这么做，就可以用22年还清这笔30年的按揭，你可以轻松地节省下数万元的利息支出。

错误2.不严肃对待信用卡债务

信用卡债务可以摧毁一桩婚姻。如果夫妻一方经常把两人拖入债务堆中，夫妻感情会受到很大的影响，如果双方都债务成堆，那只会让夫妻关系结束得更早。

错误3.试图一夜暴富

让我们面对现实吧：积累实际财富所需的时间远远超过数月数年，它需要数十年。

错误4.凭保证金购买股票

在你从经纪人公司借钱购买股票的时候，你就放弃了对自己账户的控制。因此决不购买你无法支付现金的股票。

错误5.不及早地为孩子设立大学储蓄计划

上大学的费用非常昂贵，而且逐年提高，未雨绸缪非常重要。仔细研究大学储蓄计划的几种类型，找到最适合你的。

错误6.不教授孩子管理钱财的方法

财商越早开发效果越好，向孩子们解释每月一小笔储蓄如何能发挥巨大的作用，并为他们寻找一些适合孩子浏览的优秀理财网站。

错误7.忽视签订婚前协议

很多婚姻会以离婚告终，这让人难过，却是事实。婚姻协议会先解决了"什么是你的和什么是我的"的争论，会使离婚过程容易些。如果你觉得跟亲密爱人无法启齿，建议你在订婚时（甚至在订婚之前）就及早解决它。

错误8.没有一个超越你们两人的更高目标

更高的目标才会让人更有动力。建议你和伴侣在未来的12个月里，共同选择一个更高目标，花点时间持之以恒地追求下去。

错误9.分不清各自的责任

每一对伴侣都应该拥有"我们的钱"账户，去支付所有的家庭账单。每一个人也应该保留自己的支票账户和信用卡账户，它能给我们一种必要的个人空间感。

错误10.不听取职业理财建议

理财是一个长达一生的旅行，最好给自己雇一个向导。理财顾问就像职业的教练或向导，会与你们夫妻携手走完生活之路并发财致富。

理财的10%法则

进行理财计划时，很多女性朋友常表示不知如何准备各种理财目标所需的资金。"10%法则"是指把收入的10%存下来进行投资，积少成多，集腋成裘，将来就有足够的资金应付理财需求。

例如，你们家每个月有1万元的收入，那么每月挪出1 000元存下来或投资，1年可存1.2万元；或者，你已经结婚，夫妻都有收入，每月合计有1.5万元的收入，那么1年就可以有1.8万元进行储蓄或投资。每个月都能拨10%投资，再加上我们以前介绍的复利原则，经年累月下来，的确可以储备不少的资金。如果再随着年资增加而薪资也跟着调高，累积资金的速度还会更快。

只是常有人表示，偶尔省下收入的10%存下来是有可能的，但要每个月都如此持续数年可不容易。往往是到下次发薪时，手边的钱已所剩无几，有时甚至是入不敷出，要透支以往的储蓄。会觉得存钱不易的人，通常也不太清楚自己怎么花掉了手边的钱，无法掌握金钱的流向；有钱存下来，一般都是用剩的钱，属于先花再存的用钱类型。

这类人若想存钱就必须改变用钱习惯，利用先存再花的原则强迫自己存钱。要做到如此，可以利用记账帮忙达成。也就是说，买本记账簿册，按收入、支出、项目、金额和总计等项目，将平时的开销记下来，不仅可以知道各种用度的流向及金额大小，并且可以当做以后消费的参考。

记账记个一年半载，再把各类开销分门别类，就可以知道花费在衣、食、住、行、娱乐等各方面和其他不固定支出的钱有多少，并进一步区分出需要及想要，以便据以进行检讨与调整。

需要及想要是常提到的消费分类，例如，买件百元上下的衬衫上班穿是需要，买件数千元的外套是想要；一餐10元作为午餐是需要，午餐以牛排满足口腹是想要。透过记账区分出需要与想要后，日后尽可能压缩想要的开支，你会发现真的有一些多出来的钱可以存下来，而且可能还不只是收入的10%。

每个月拨出收入的10%存下来只是个原则，能多则多，实在不行，少于10%也无妨；重要的是确实掌握收支，尽可能存钱。

为了帮助自己做到10%法则，可以利用定期定额投资法持之以恒地累积资金。定期定额是指每隔一段固定时间以固定金额（如5 000元）投资某选定的投资工具，根据复利原则，长期下来就可以累积可观的财富。

这对于一些结婚的女性朋友来说，是个不错的理财方法，可以尝试一下。

低收入家庭投资理财方略

玲玲今年24岁，参加工作只有2年，在事业单位工作，月收入大概在1 800元左右，为了改变职业，准备辞职专门学2年外语。由于刚结婚，花费了不少钱办婚礼，所以父母已经答应赞助她学习费用。她的丈夫在部队工作，开销比较小，但是收入也不高，1 500元左右。他们的现有资产是银行存款，约有5万元钱。他们的计划是买一套小户型，想先租出去几年，等收入提高了可以要孩子的时候再简单装修一下自用。她的问题是：什么时候买房子，贷款利息和收回来的租金比哪个更合算一些。

另外，像他们这样中低收入的年轻人，什么样的投资会有比较保险一些的收益。玲玲的希望是"不求利润最大化，只是希望能安全一些"。

理财师给出如下建议。

1. 逃避风险不如适当承担风险

家庭理财可依据自身风险的承担能力，适当主动承担风险，以取得较高的收益。例如，医疗等项费用的涨价速度远高于存款的增值速度。要想将来获得完备的医疗服务，现在就必须追求更高的投资收益，因而也必须承担更大的投资风险。一味地回避风险，将使自己的资产大大贬值，根本实现不了稳健保值的初衷。一段时间以来，借股市行情不好的机会，很多债券基金都热炒自己的"安全"概念。可曾经债市和债券基金的一度大跌，说明了安全的投资其实是不存在的。相反，重点通过股票基金长期系统地投资中国股市，将是普通百姓积累财富的好机会。

2. 房宜暂缓，二手房是首选

从玲玲的实际情况看也是这样，一方面积蓄不多，又要辞职读书，虽然租金很有可能弥补月供款，但打光了弹药，实在是风险太大。"财不入急门"，投资的机会今后还很多。如欲购房，对于玲玲这类积蓄不多的新白领，小户型二手房是惠而不贵的好选择。买二手房建议玲玲使用最高成数和最长期限，即20年7成组合贷款。留下资金可以消费以提高生活品质，或投资以赚取更多利润。

3. 多种投资都可尝试

如果想在几年后买房，可转换债券是个好的投资方向。这种债券平时有利息收入，在有差价的时候还可以通过转换为股票来赚大钱。投资这种债券，既不会因为损失本金而影响家庭购房的重大安排，又有赚取高额回报的可能，是一种"进可攻，退可守"的投资方式。另外，玲玲不妨也在股市中投些钱。虽然短期炒作股票的风险很大，但各国百姓投资的历史却证明，长期科学投资股市是积累财富的最好方式，是普通人分享国民经济增长的方便渠道。特别是股市行情不好的时候，正是"人弃我取"捡便宜货的好机会。当然，像玲玲这样的非专业投资者最宜通过基金来参与股票市场了。

4. 青年人也需要保障类保险

考虑到玲玲的老公在部队工作，保障很好，故只建议玲玲自己买些意外伤害和健康保险。"人有旦夕祸福"，保险既是幸福生活的保障，又是一切理财的基础。

另外，对于有些女性朋友而言，收入低也要有自己的理财方法。不能因为钱少而忽视理财，而是更应该找到适合自己的理财方法，选择最优的投资方略，让自己手中的资本发挥最大的效应，从而为自己以后的生活提供优厚的保障。

第九章 职场女性，平衡好家庭与工作

有些现代女性较为自立，希望拥有完美的事业、独立的经济和生活空间，可事实上，家庭生活的幸福对她们来说也非常重要，而各方面的压力使得半数以上的女性感到难以处理家庭与事业间的矛盾。

合理分配时间和精力，工作家庭两不误

毕竟，人的精力和时间都是有限的，应该在不同场合或不同阶段对特定的角色有所偏重，还是将方方面面的因素尽可能考虑在内，努力均衡重心并随时转换角色？对于女性来说，在不算长的优势年龄段中掌握好这个"度"非常关键。来看看成功女性是怎么做到的吧。

孙秀芳，IT女杰，曾在加拿大IBM公司工作6年，在香港IBM公司工作8年，做到IBM大中国区软件部市场及运作总监。后为留在北京，她放弃了回IBM亚太区总部的机会，跳槽到康柏公司，从软件项目业务总监做到大中国区整合市场营销。

刚到康柏公司的时候，孙秀芳并不太适应。在她眼里，IBM公司的企业文化非常细腻规范，如同"润物细无声"一般浸入人心。如果把IBM公司比喻成稳重成熟经验丰富的中年人，那么，相比之下，康柏公司更像是一个朝气蓬勃、血气方刚的年轻人。没有成规，只求创新。巨大的文化差异，使初进康柏公司的孙秀芳感到手足无措，不知道该从哪里着手，这是在IBM公司工作时从没有过的体验。

不过她选择了留下来，适应康柏公司的文化。她说："我是个适应力很强的人，能做到这一点取决于我的心态。今天我下榻在五星级宾馆，明天我也可以住招待所，这都无所谓。这是个变化很快的世界，尤其在IT业，我经常提醒自己，面对所有的变化都要坦然处之。"

正是她的自信以及良好的心态使得她在"人生地不熟"、手下只有几个兵的"劣势"下，从容地完成了康柏公司交给她的第一个任务——康柏公司与中国最大的软件企业之一中软总公司共同合作开发了中国第一个具有自主知识产权的高端企业级操作系统COSIX64项目。这一软件的成功开发在1999年多事的IT界激起了不小的反响。业界媒体在报道及评论这一消息时，大量使用了"真正自主版权""开创国产高端操作系统新纪元"等鼓舞人心的用语,同时也增强了康柏公司总部在中国加大投资的信心，而孙秀芳本人也因此赢得了康柏公司总部对她的器重。

事业的成功并没有让她失去家庭的幸福，孙秀芳认为，作为一名女职业经理人必须懂得家庭和工作之间的矛盾，否则就有可能因此而失去家庭的温暖。她的下属都羡慕她有个幸福美满的家庭，但他们并不了解，做一个贤妻良母，她也是付出了巨大的努力的。

1996年，IBM公司要提升她到一个关键的岗位，但是她刚刚生完孩子，为了更好地照顾孩子，尽到做母亲的责任，她选择了放弃晋升。而且为了不影响正常的工作，她通常都是在晚上把孩子哄睡了之后再赶到公司把工作处理完。曾是孙秀芳下属的IBM公司软件部王静还记得，当时她发给大家的E-mail的时间都是在夜深以后。

不过，随着职位的提高，她在家庭和事业之间平衡的技巧越来越娴熟。说起这些她几乎有点眉飞色舞起来，"有空闲的时间，我还喜欢自己做女红呢！"孙秀芳笑着说，在加拿大多伦多求学时，由于没钱买窗帘，她就自己动手做，所以到现在她还喜欢为孩子缝制衣服，教有兴趣的同事做发夹等小装饰品。

她是一名IT精英，有着自己的事业，要努力打拼。同时她也是一名女人，需要照顾孩子，照顾家庭，但是她并没有因此手忙脚乱失去平衡。所以她取得了所有职业女性都羡慕的成绩，家庭和事业两不误。

在现实生活中，一些职业女性，要面对工作和家庭的双重压力，她们觉得平衡家庭和工作之间的关系，简直比走钢丝还难，摇摇晃晃，甚至走得胆战心惊，还免不了"失脚"的结局。这里，给你几个保持平衡的小窍门：

注意那些给你带来压力的事情，并尽量把它们减到最小。减压的方式有很多，如练瑜伽、听音乐等。

不一定要答应每一件事情，要学会说"不"，你只应该做最重要的事情。

该放弃的时候，要知轻重，当你30岁的时候，在生孩子和工作之间，选择生孩子。

在头天晚上就计划好第二天所要做的一切，不要等到第二天还分不出事情的轻重缓急，误了事情，会让你的情绪变得很糟糕，而带着糟糕的情绪工作是没有效率的。

在孩子起床之前，先打点好自己的一切。否则在孩子醒来哭闹的时候，你还在为自己穿什么衣服而犯愁呢，结果只会让你更加手忙脚乱。

找时间玩玩，放松一下自己。你不仅应该工作，还需要休息。会休息的人才会工作嘛！

家务活分配给所有的人，即使是年龄小点的孩子也能做点什么。不要任何事情都亲力亲为，这会让你因为疲劳而精神不佳。

经常和丈夫保持沟通，一定要取得他的支持和理解，这是维持家庭和睦的关键因素。

雇人照顾孩子，夫妻俩一起每个月至少出去一次。哪怕仅仅是去郊外兜兜风，总之一定要有和丈夫独处的时间和空间。

没有特殊情况，周末尽量不工作，因为你不能把所有的时间都给工作，要给家人留一些。平常不做饭的女人，最好能回归厨房，给丈夫和孩子做一顿好吃的，让他们感觉到你的爱。

要学会在忙中偷闲，不要一忙工作就忘记了丈夫和孩子。比如，你在公司的时候，丈夫身体不舒服了，你一定要记得打电话问候。

养成锻炼身体的好习惯，把做美容的时间匀出一点做锻炼。身体是革命的本钱，如果身体垮了，一切都成过眼烟云了。

让友谊成为职场佳人的成功支点

职场上如果能培养一批铁杆好友，无疑将成为你事业上的重要支点。然而职场友谊并不像普通的生活友谊那样单纯，对待职场友谊佳人们应该小心为慎。

有个故事，直接形象地描述了职场人际关系的微妙：

两只刺猬，由于寒冷而拥在一起取暖。但因为各自身上都长着刺，靠得太近就会被对方扎到，离得太远，又会冷得受不了。几经折腾，终于找到了一个合适的距离，不会太痛，也不会太冷。

职场里，处理与上司、同事和客户之间的关系，其实就是找到这个"温暖又不至于被扎"的距离。

那么，应当如何处理职场友谊呢？不妨听听专家的以下建议。

1. 融入同事的爱好之中

俗话说"趣味相投"，只有共同的爱好、兴趣才能让人走到一起。

丹丹所在的单位大部分同事都是男性，中午吃饭时的短暂休息时间，同事们往往会聚集在一起谈天说地，可惜丹丹总感觉插不上嘴，起初的一段日子只能在旁边听。

男同事们喜欢谈论的话题无非集中在体育、股票上面，于是丹丹每天都开始"有意识"地关注体育方面的消息和新闻，遇到合适的机会甚至还和男同事们一起去看球。"现在有了共同话题，和男同事相处容易多了。每次和他们闲聊的过程中，也会将自己在工作中的一些感受和他们进行交流，我们之间的工作友谊增进了不少"，丹丹如是说。

2. 不随意泄露个人隐私

同事的个人秘密，当然是带着些不可告人或者不愿让其他人知道的隐情。同事能将自己的隐私信息告诉你，那说明她对你是足够的信任。如果她在别人嘴中听到自己的私密被曝光，不用说，她肯定认为是你出卖了她。被出卖的同事肯定会在心里不止千遍地骂你，并为以前付出的友谊和信任感到后悔。因此，不随意泄露个人隐私是巩固职场友情的基本要求，如果这一点做不好，恐怕没有哪个同事敢和你推心置腹。

3. 不要让爱情"挡"道

王佳和宋丽是一对无话不谈的好姐妹，两人自工作以来一直住在同一宿舍，每天一起上班、一起下班，几乎到了形影不离的地步！一次偶然的机会，王佳和宋丽接触到一个各方面条件都很优越、长得非常帅气的男人，她们几乎在同一时间对这个男人产生了好感！为了能和帅气的男人走得更近，王佳和宋丽突然像变了个人似的，她们不再形影不离，而是单独行动；后来，两人为了此事弄得反目成仇，多年的感情就此烟消云散。

显然，爱情"挡住"了两人的友情，从她们同时喜欢上那个帅气的男人开始，就宣布了她们多年的情谊开始走向决裂。因此，作为职业女人的你，最好独自去处理自己的情感生活，在爱情还没有成熟前，即使最亲密的朋友，也不要拖着一起去约会。否则，爱情将会成为友情的"绊脚石"。

4. 闲聊应保持距离

办公之余，同事之间闲聊是件很正常的事。而许多人，特别是男同事在闲聊时，多半是为了在同事面前炫耀自己的知识面广，同时向其他同事传递这样一个信息，那就是："你们熟悉的，我熟悉；你们不熟悉的，我也熟悉！"其实这些自诩什么都知道的人，知道的也不过是皮毛而已，大家只是心照不宣罢了。

作为女性的你，要是想满足自己的好奇打破砂锅地发问，对方马上就会露馅了，闲聊的时间自然不会太长。这样不但扫了大家的兴趣，也会让喜欢神侃的同事难堪。相信以后再闲聊的时候，同事们都会有意无意地避开你。建议职场丽人，在任何场合下闲聊时，不求事事明白，问话适可而止，这样同事们才会乐意接纳你。

5. 远离搬弄是非

"为什么××总是和我作对？这家伙真让人烦！""××总是和我抬杠，不知道，我哪里得罪他了！"……办公室里常常会飘出这样的流言。要知道这些是职场中的"软刀子"，是一种杀伤性和破坏性很强的"武器"。这种伤害可以直接作用于人的心灵，它会让受到伤害的人感到非常厌倦不堪。经常性地搬弄是非，会让单位上的其他同事对你产生一种唯恐避之不及的感觉。要是到了这种地步，相信你在这个单位的日子也不太好过，因为到那时已经没有同事把你当回事了。

6. 低调处理内部纠纷

在长时间的工作过程中，与同事产生一些小矛盾，那是很正常的，千万要理性处理摩擦事件。不要表现出盛气凌人的样子，非要和同事做个了断、分个胜负。退一步讲，就算你有理，要是你得理不饶人的话，同事也会对你敬而远之的，觉得你是个不给同事留余地、不给他人面子的人，以后也会时刻提防你，这样你可能会失去一大批同事的支持。此外，被你攻击的同事，将对你怀恨在心，这样你的职业生涯又会多上一个"敌人"。

7. 得意之时莫张扬

每当自己工作有成绩而受到上司表扬或者提升时，不少人往往会在上司没有宣布的情况下，就在办公室中飘飘然去四下招摇，或者故作神秘地对关系密切的同事细诉。一旦消息传开来后，这些人肯定会招同事嫉妒，眼红心恨，从而引来不必要的麻烦。

绝对不能放弃的充电提升课

在竞争激烈的职场上，一纸文凭的有效期是多久？当你必须向别人出示你尘封已久的证书时，是否会怯场，感到没有底气？在学历飞速"贬值"的今天，找到工作就一劳永逸的体制已成为历史，如果你想单靠原有的文凭在职场立足，几乎不可能。

一项调查显示，30～40岁的职业女性中，近3成的人出现身心疲惫、烦躁失眠等亚健康状态。其主要表现为：对前途以及"钱"途开始担心，担心会被社会淘汰；对自己所从事的工作开始产生一种依恋，不再像20来岁那样无所谓，同时又有一种危机感，甚至开始对老板察言观色；身体经常感到疲劳，休息也于事无补。在调查中，想转换职业或行业，寻求一个压力较小、相对安稳的工作是大多数被访者的心态，46%的被访者选择此项；再苦干几年，回家做全职太太也是选择人数较多的一项，有31%的被访者选择；只有23%的被访者表示会去充电。

聪明的你如果想在职场站稳脚跟，一定不能错过充电提升课。

在今天这个竞争激烈的职场生存环境中，很难"爱一行干一行"，我们所能做的就是"干一行爱一行"，尽量将谋生和理想达到和谐的统一，否则，眼高手低，会耽误了一生。

郭晶并不太喜欢自己的金融专业，但毕业时没有改行的机会，还是进了一家外资银行。"我觉得自己现在的工作没什么意思，幻想着有一天可以做记者、主持人或者律师，而不是整天面对着不属于自己的金钱。"

郭晶所在的外资银行环境很好，是很多人眼中高收入的理想职业。面对着很多硕士、博士都在竞争一个外资银行的职位，郭晶才感到自己有必要充电了。如果想在金融这个行业中继续做下去，充电是唯一可行的方法，否则的话就意味着会"贬值"。通过充电，郭晶对本行业也有了更深的了解，渐渐爱上了这一行，不再整天幻想而是踏踏实实工作，做出了出色的业绩。

并不是所有的职业危机都出现在厌职上，就算是自己喜欢的职业，干久了也会出现危险信号。

李博是某服装品牌的销售经理，主管北方区的业务已经有3年时间。这个在别人看来令人羡慕的职位，却让她在一夜之间就做出辞职的决定。

"我感觉我的职业生涯面临着前所未有的停滞状态，总是在做着以前做过的事情，而且以我目前的职位，也很难再在公司有更大的作为了。我已经决定到法国继续读我的服装设计专业，对于今后的工作，我并不担心，选择辞职就是因为有这份自信。"

人在其职业的某个阶段会出现所谓的"停滞"期，这种情况是一个信号，一旦出现就说明你需要充电了。这时最重要的是摆正自己的心态，树立"没有职业的稳定，只有技能的稳定和更新"的观念，把职业过程变成一个无止境的学习和提高的过程。

在IT行业工作近5年的小雷坦言："我一直都处在一种与最新科技知识赛跑的状态。信息时代的知识呈膨胀性的扩展趋势，刚刚掌握的资讯，也许过两天就已经过时了，如果不及时更新知识，很容易被淘汰。"这种经常出现在工作中的"不明飞行物"让小雷非常紧张和茫然。

小雷自己掏腰包参加了几期美国专家举办的IT行业培训，虽然花费很高，可学习下来，感觉心里踏实，而那些以前经常光临的"不明飞行物"也消失了。

工作中如果遇到"不明飞行物"，就意味着你的知识落伍了。在职充电是防止"人才贬值"的一种好方法，要让自己"不贬值"，那就需要不断地"充电"。

学习是永无止境的，要树立终身学习的理念。正如人们常说的：你永远不能休息，否则，你就会永远休息。如果你觉得学习没有目的、效果差，考证是一个不错的选择。很多人觉得只要工作出色没有证书照样能在职场生存，这种认识是很肤浅的。

安安是一家贸易公司的财务总监，主管着公司上下的所有会计核算工作。从大学毕业到现在，8年的时间过去了，虽然没有那一纸"注册会计师"的证书，可工作起来，也是要风得风，要雨得雨。

"我感觉完全能够胜任工作，领导也比较器重我。我没必要为了去考一个证书而耽误我每天的工作，那样的话老板也会对我有看法的。我的很多同学上班后不断考各种证书，希望能往更大的公司'跳'，甚至请了假去学习，结果影响了工作业绩，得到的是与能力不相匹配的待遇。"

也许安安的话从目前的角度看是正确的，可如果把它放在一个大的知识经济时代背景中分析，就站不住脚了。"技多不压人"，"充电"和"敬业"不该有任何冲突，"充电"是为了更好地"敬业"，这该是三十几岁职业女性应该警醒的一面。

现代社会急缺复合型人才。单一型人才如何使自己成为复合型人才？实施技能储备，使价值"保鲜"是关键。充电时也要注意与原有技能相关，这样才能在原有的基础上扩大就业范围。

薛佳在一家国际航运公司里为英国籍首席代表做秘书时，接触到一些国内外大的企业咨询机构。她说："我的专业是英语，除了能像外国人那样正常地说英语外，今天看来并没有任何特长可言。在这家海运公司工作了2年之后，我终于申请到了美国哥伦比亚大学的MBA，我想学成之后可以到一家跨国咨询公司里去工作，为企业的经营者们提供全方位的解决方案。当然，这是要有代价的，从一个传统行业跳到一个新兴的朝阳产业里，唯一能够达成目的的做法就是充电。"

本土企业的国际化及国际企业的本土化，使那些具有"一专多能"、精通一门外语、通晓国际商务规则的外向型人才备受青睐。所以，及时充电借以增加事业打拼的资本，必须同自身职业生涯的规划紧密地联系起来，达到学以致用。

"生命不止，学习不止"。在这个知识经济的年代，充电已经成为现实需要，尤其是在经济不景气的当下职场上，不管你是想呆在原地，还是逆势向上攀登，或者另起炉灶玩跨界，充电已经演变为职业生涯不可或缺的安全垫。还等什么，行动吧！

下班回家，一定记住进门前转换角色

职场没有性别，幸福的家庭却呼唤女性回归。

有些职业女性把全部精力放在工作上，没有什么时间关心家人的身心和生活，这样是不对的。职业女性一定要明白，自己不单是一个"工作人员"，也是一个妻子、母亲，对工作负责的同时也应该对家庭负责。

曾经有一部名为《妻子》的电视剧红遍大江南北。

这是一部现代《渴望》的故事，一个现代男人渴望找到妻子的故事，傅彪夫妇领衔主演剧中夫妻。陈灵宝（张秋芳饰）和谢家树（傅彪饰）在大学里相识相爱，毕业后不久便结婚了。但陈灵宝遭到了婆婆的冷脸和小姑子的数落，为了家庭的和睦她只好忍耐。

在外部大环境的冲击下，夫妻两人的观念发生了分歧。陈灵宝希望丈夫勇敢投入商海，谢家树却安于现状，不肯下海冒险。无奈，陈灵宝向单位辞职，开始跟别人合伙推销药品。在生意失败的关键时刻，她得到了丈夫的扶持。后来在老中医的启发下开发保健品"益寿汤"，事业得到了飞速发展，开办了第一家保健品超市，并且吸纳了不少亲戚，连丈夫也辞职当起了副总。

由于产品质量、"搜身事件"等问题，在记者的恶意炒作下，"益寿汤"销售一落千丈，被另一种新产品"八仙饮"替代。加上公司内鬼的出卖，他们夫妻之间发生了很多争执，最后的结果是公司破产，谢家树又莫名其妙地变成了一个傻子。

为了丈夫的康复，陈灵宝学会了按摩穴位，丈夫的病情逐渐好转。随着按摩技术的提高，陈灵宝萌生了开健足店的念头，在她的打理和热心人的帮助下，健足店从一个店发展到十几家连锁店，陈灵宝不禁露出了欣慰的笑容……

陈灵宝是一个企业家，为事业勇敢开拓，自强自立。同时她也是一个好妻子，为家庭呕心沥血无私奉献。她的成功在于能恰到好处地在这两个角色间转换。

女人，必须扮演好自己女性的角色，在家庭生活中属于你的责任和义务一项也不能推托，不能说自己是什么高管了就可以随意把工作的情绪和某些习惯带回家，职业女性必须清楚，发展工作状态的空间是在办公室里而不是在家里。

人生是一个舞台，每个角色都要争取演好。在家里不能摆架子，要在工作中演职场的戏，在家里演生活的戏。完美的女人是自然属性和社会属性的结合。在职场你就是职业人员，没有性别差异，回到家该相夫教子就相夫教子，明白自己的定位就没有什么难以转换的问题了。

女强人有能力、有知识、有文化、有品位、有修养，应该说在很多方面都是令人羡慕、崇敬和神往的，但是优点和长处往往是双刃剑，既能讨人喜欢，也可能产生意想不到的负面效应。

男人天生就拥有雄性的征服欲望，希望自己的女人小鸟依人地依靠着自己。试想，一个男人如果在外面拼了命地工作，被上司压制着，回到家里自己的女人还要耍性格玩个性跟男人争个面红耳赤，那对男人来说不论是在生理还是心理上都是一件很痛苦的事情。

女白领，尤其是高端女白领长期在职场打拼，养成了许多职业习惯，应尽量避免把这些习惯带到情感交往中，进入家门后要学会角色转换。

有的女性长期在机关或者管理层工作乃至担任领导职务，形成了许多领导意识和领导气质，可能自觉不自觉地带到8小时之外。就是穿衣服，职业女性和其他人也是不一样的，非常严肃、庄重。但是习惯性的领导意识不可在情感世界的两人交往中过多地体现，要及时转换角色。因为你们毕竟不是上下级关系，即使是，在情感世界里也是平等的，只有平等，才有真情，才有温馨，才有浪漫，才能完美展现你不仅是优秀的杰出职业女性，更是风情万种、温柔体贴的女人。否则只能给人高高在上、高不可攀的感觉。

因此，女人回到家要多一些女人味，少一些职场味，这样才能体现出作为女人的魅力。怎样才能充满女人味呢？在男人面前不妨适当多一些主动，少一些被动。

女强人也许由于长期纵横职场、饱读诗书的缘故，认为情感问题上应该男人主动。殊不知，优秀男人也不是那么轻易主动的，因为优秀男人一般自尊心很强，被人拒绝是一件很没面子的事情。女性主动不一定代表轻浮；相反，你的热情可能会让你喜欢的男人感动，受到鼓舞，认为你在情感上对他有知遇之恩，也许在你主动的关心、体贴、邀请下，他会悄悄下定与你厮守终生的决心。

要想主动，女人就要多一些自然和奔放，少一些矜持和压抑。

由于长期受工作环境、生活习惯的影响和中国儒家传统思想的熏陶，女强人非常注意自身的形象，久而久之，养成了矜持这一特有的气质，或者表现为冷美人，或者表现为不苟言笑，或者像高傲的公主。如果是在工作中，这些是完全必要的，甚至可以增加你的领导魅力。但是在情感中，就要努力做一个"小女人"，展现女人温柔妩媚、自然奔放的一面。

该靠在男人的肩膀上时就轻轻地靠上，该依偎在他的胸前就依偎在他的胸前，适当撒娇也是不错的选择，因为你要知道，你那么美丽和优秀，站在你面前的一定是个非常优秀的男人，这样的男人在工作中已经身心疲惫，8小时之外他需要的是一个有女人味的女人，而不是一个女强人。如果你仍然给他一个职业女性的内敛和矜持，如同让他到单位加班、面对美女同事一般，味同嚼蜡，你想想他的感觉会如何？总之，女人要有女人味，男人要有男人气概。

让一扇门隔开两个世界。只要拿捏有度，适当的开门和关门相信能使你既成为人人羡慕的职场丽人，又成为丈夫离不开的好妻子。

照看孩子，你也能够拥有职场竞争力

很多职业女性其实都很想专心在家带小孩，但又怕如果自己在家里带小孩，家庭就只剩下先生一份收入。

29岁的小丽生完小孩后决心去上班，于是把一岁多的孩子交给保姆照顾。结果，缺乏职业道德的保姆把小孩一个人留在家中，自己每天下午独自出门去买菜。为了怕孩子吵闹，保姆甚至把孩子锁在一个密不透风的房间里，让他无法到客厅里胡闹。

有一天下午，小丽提早下班到保姆家接宝宝，她听到孩子一个人在房间里哭，她被锁在门外，把小丽急坏了，马上请管委会找锁匠来开门，当场斥责了保姆。第二天，她就辞职在家带小孩，因为她没有办法再忍受第二次的打击。孩子的心理创伤已经造成，母亲再也无法放心把孩子交给别人。看着孩子稚嫩的脸颊，她的心中总是感到亏欠，直到现在。

如果你也有这种忧虑，没关系，让我们来看看很多聪明的妈妈是如何做到既在家相夫教子，又能替自己增加收入的，或许能给你灵感。如果工作真能带来丰厚的收入，而你又能找到一个物有所值的顾家方法，那么工作当然是很好的选择。但如果工作的薪水与保姆费的差额不高，孩子照护得不好，你又要整天提心吊胆，那么，你就应该思考这件事的投资报酬率是否值得。

　　一些在人生历练中相当有韧性的女人，因为观念的转变，不但能够让孩子受到很好的照护，也能让家庭的经济收入有所增加。

　　曾经有一位女老师，小时候家境很穷，她很想学钢琴，却都因为学费昂贵而作罢。婚后的她，家境也是小康，有了女儿后，她决定在家专心带孩子，但是先生的一份薪水，除了要付房贷、车贷及教育费之外，要养家糊口实在不够。

　　后来她灵机一动，因为女儿每天下午4点就下课，她也得在家招呼，时间也是被限制，干脆就在家里当小区保姆，多带两个小孩。这样不但可以省下保姆费，1个月还可以多一些家用。而且因为宝宝也需要喂食，刚好等于家里的菜钱都有了着落，年终还可以多1个月的薪水当做旅游基金，女儿也有预算可以学习钢琴。而当女儿在家弹钢琴时，两个小孩也会随音乐起舞，岂不两全其美？

　　还有一位妈妈去兼职做保险，除了早上要开早会之外，其他的时间都是弹性的，所以她把约访客户的时间都排在下午4点以前或是假日老公、家人可以带孩子的时间。通过上课可以了解如何安排全家人的保单，并且多吸收知识，不会与社会脱节。业绩做出来，可以贴补家用，下午4点以后又可以准时接小孩下课。重点是，全家人不需要在下课、下班后在外就餐，在家里吃饭又干净又省钱，等到假日再一起吃大餐，这也是一种相当聪明的方法。

努力创造更多的收入空间

也有很多的职业女性是为"自己"而工作，她们请实习生到家里帮忙看孩子，1小时支付20元钱，1天5小时，1个月20天的费用是2 000元。但这5个小时里，可以多写些稿子，开网络商店，做串珠手饰，卖手工饼干，或是接各种类型的案子，只要能多赚几千元钱，这中间的差价，就是补贴家庭最好的收入来源。

以较少的"小时"支出金额，来换取更大的"小时"收入金额，甚至可以产生"加乘"的效果。如果你日后培养一些固定的客户群出来，固定订单与接案，将会带来更大的收益。在美国，由于近年来的经济不景气，女性在就职发展上面临着诸多困难，有越来越多的职业女性在婚后变成了家庭主妇，但有些女性却因为自己的变通，在带孩子之余，仍然能够赚进源源不绝的财富。

王茜曾是美国一家大公司的公关顾问，她在女儿出生后辞职回家带小孩。她发现，女儿老是把厕所的卷筒卫生纸拆下来，然后撕得满地都是。她发现自己整天为了鸡毛蒜皮的小事忙得不亦乐乎，哪还有时间实现自己的梦想？于是，她发明了一种小机关，只要插在卷筒卫生纸上，女儿就无法把卫生纸拿下来。后来，这项发明以每个7美元的价格，在连锁超市和婴幼儿用品店出售，深受大家的喜爱。

谁说女人一定要因为家庭或孩子牺牲自己的梦想，甚至是理财的好机会？只要你保持"动动脑"的活力，相信你也能尽情享受身为女人的喜悦！

"全职妈妈"的生财之道

现在，生活压力越来越大，很多女孩都想在家当全职妈妈，可以暂时远离工作。但做了全职妈妈就表示你没有了经济来源，需要靠老公养。作为现代新兴女性对此是无法忍受的，她们既要选择轻松的生活，又要拥有独立的经济能力，看看下面这几个全职妈妈是怎么做的吧！

佳佳，今年28岁，宝宝2岁，佳佳的收入来源主要是网上开店，加入了现代人流行的赚钱行列。月收入为3 000~5 000元。

怀孕后，佳佳辞掉了原来的工作，开始了全职妈妈的生涯。随着女儿一天天地长大，佳佳的经验也一天天丰富了起来。到宝宝1岁的时候，佳佳就能把家中的大小事宜料理得井井有条了。不久，闲暇的时间也多了起来。佳佳是个精力很充沛的人，为了体现自己的小小价值，佳佳决定自己在家做些小"买卖"。

因为平时她喜欢在网络商店里买衣服、玩具给女儿，渐渐地，她萌生了投资开一家网络店铺的想法。于是，她联络了几位有网络销售经验的朋友，向他们讨教。她发现，这是个投资小、风险低，又不用花很多精力的生财之道。填写了申请表、选择好店址后，就可以选择销售的物品了。由于刚做妈妈不久，所以对孩子的吃、穿、用都很关注，出售婴儿及儿童用品当然是首选。半个月后，当她在网上卖出自己的第一件商品时，那感觉简直兴奋极了，当天晚上便携夫带女，到外面庆祝了一番。

佳佳的店铺运营得不错，在1年多的时间里，已经在网上成功地进行了1 000多笔交易。

她感触最深的是，网络为每个全职妈妈都开辟了一个自由、广阔的空间，凭借网上日渐完善的系统，独自一人就可以完成网下店铺十几个人甚至几十人的工作。

女儿是她一手带大的，家里没有请保姆，上午陪女儿，下午女儿睡了，她就在家上网回留言、装包裹、叫快递来运送。这让佳佳感到很有成就感！

我们一起来看第二个例子：

倩倩今年27岁，宝宝2岁，当了妈妈后靠业余投资作为收入来源。几年前，倩倩决定做全职妈妈时，当年一起读MBA的同学惊呼她"浪费"了自己。从收入不错的证券公司辞职，连老公也觉得她太草率。可她早就打算实践一下自己从课堂上学来的知识。有多年的工作经验作后盾，她相信自己不会比工作时的收入差。

经过半年的"演练"，家人正式认可了她在金融投资方面的特长，他们认为她的确能够"稳操胜券"，老公也鼓励她"胆子可以再大一点"。

股票、基金、理财类型的保险，这些都是她的投资对象。这些投资中掺杂着风险，但正是这种风险和挑战练就了她敏锐的目光，激励她做生活中的强者，永远不会被社会淘汰。尽管在业余投资中，有赔有赚，但都不会对她的生活环境带来太大的影响，这就是全职投资与业余爱好的区别。除此之外，有了这个让她接触外界的平台，即使在家中，也能得到在职场中接受挑战的乐趣。现在倩倩的月收入在5 000~7 000元左右。

谁说只有职业女性才能获得收入，而今全职妈妈也可以做到，甚至做全职妈妈利用自身的时间优势还会有更多的收入。现在的世界，只有想不到，没有做不到。年轻的我们应该用自己的智慧和胆识去创造财富，让自己的钱包鼓起来，一方面可以为家庭减轻负担，另一方面也可以增强我们的自信心。

子女教育理财规划

子女的教育在家庭花费中占有十分重要的比重。薪水族没有更多的财富来源，因此更要提前准备子女的教育费用。怎样对子女的教育支出提前规划呢？

1. 划定投资期限

子女教育理财规划应根据孩子不同的年龄阶段而选择不同的投资产品。如果你的子女年龄尚小，离上大学还早，为避免通货膨胀导致财富缩水，最好选择比较积极的投资工具，如股票型基金。如果你的孩子已经初中毕业，则可以选择注重当期收益的投资工具，比如高配息的海外债券基金。就投资的角度来说，长期累积下来的复利效果是很可观的。因此，子女教育理财规划越早越好，甚至在小孩出生前就可以开始。

2. 选择风险偏小的投资品种

客户本身的风险偏好是制定理财规划的重要依据。选择积极进取型投资工具，一般收益率高，但同时也要担负一定的高风险；选择保守型投资工具时，获得的收益率不高，但承受的风险低。由于子女教育基金主要是为孩子的教育提供保障，风险承受能力较弱，所以一般不建议投资高风险品种。

3. 搞清楚经费的来源

客户所拥有的财务资源也是制定规划时要考虑的重要因素。很多经济实力强的家庭会选择让孩子出国留学，甚至在小孩初中时就出国，而且由于其风险承受能力较强，可以考虑投资较高风险的品种；经济实力较弱的可以选择先在国内读大学，花费较少，以后有条件了再考虑出国留学。

4. 提前做一个整体的规划

如同任何投资计划一样，"设定投资目标、规划投资组合、执行与定期检查"是规划子女教育基金的三部曲。其具体内容如下：

（1）设定投资目标。设定投资目标首先要计算子女教育基金缺口，然后设定投资时间，最后是设定期望报酬率。

（2）规划投资组合。规划投资组合一方面要了解自己的风险承受度，另一方面也要设定投资组合。

（3）执行与定期检查。在执行期间，一定要坚持子女教育基金计划，除非遇到特殊紧急状况，坚持专款专用；如果投资过大造成家庭经济负担过重；如果投资过少，将来收益不大，则要灵活处理，定期做调整。

家庭教育很重要，是每个女人都不可以回避的，女人更是在家庭教育中有着不可替代的作用，所以，一定要规划好孩子的教育理财。

教育资金的筹措可以通过各种途径来完成，通常使用的有下面几种方法：

（1）教育保险。教育保险是由保险公司针对教育金的需求而设计的。从刚出生的婴儿到十四五岁的孩子都适合投保。家长可根据需要和经济水平，由保险顾问帮助制订最适合自己的教育金方案和成长计划，并缴付保险费。孩子每到一个成长阶段（如初中、高中、大学、创业等），便可获得与保额相应比例的教育金给付。教育保险涵盖保障功能，保险公司承担孩子成长过程中各种事故、意外和健康风险。

教育保险有传统型和分红型产品，教育保险因为同时拥有保障、储蓄和投资收益等功能，所以需要有一定的费用支出。

（2）教育储蓄。教育储蓄是国家特设的储蓄项目，免征利息税，并以整存整取的方式计息；但存款条件较繁琐和复杂，只有小学四年级（含四年级）以上的学生方可参加，而且要等到孩子踏入高中校门后，家长才能凭存折和学校提供的身份证明去支取存款。

（3）教育贷款。现在教育的负担越来越重，为了缓解教育的压力，国家出台了一系列的扶助政策，要求不让一个学生因为交不起学费而退学。其中，国家助学贷款就是非常重要的一项措施，凡是符合条件的贫困生都可以申请，只需要信用担保，而且在校期间全部免息。国家的此项政策无疑是为贫困生迈向大学这所象牙塔提供了"绿色通道"。

第十章 聪明购买保险，忠实守候一生

　　她可以将我们家庭成员（成人、儿童）身患重大疾病所需的巨额医疗费用转由保险公司支付；她可以将意外事故给我们家庭带来的医疗费和遗留债务转由保险公司支付；她可以充分保障我们的子女拥有上学所需的教育金；她还可以帮助我们稳健地投资获益……

　　不能不说：保险是女人的一份爱心。拥有足够的保险产品，可以让女人的心情安宁，让女人的家庭平安，也彰显了女人参悟人生后的达观和智慧。

投保要考虑年龄与职业

投保的重要性已经越来越被女性朋友们所重视，很多女性参加工作后，就会在朋友或家人的建议下购买一定的保险，以保障自己日常生活中的稳定性，给自己一份安心的生活。

首先，相对男性而言，女性更加感性，在买保险时容易受到外界因素的影响，容易冲动。比如，下班时目睹一起车祸，或者亲朋好友有人患重病，都会令女性想到保险。女性心软、柔弱、感性等这些特点，也导致她们在买保险时容易犯一些特有的错误。

其次，很多女性朋友都有一种盲从的心理。女性买保险时要冷静，要充分与保险代理人交流沟通，选择最适合的保险产品。

再次，很多女性都比较有牺牲精神，总是容易忘记自己的需求，已婚的女性尤其如此。一提到保险，很多年轻女性都认为自己身体状况很好，不太愿意为保险埋单；随着年龄增大逐步认识到保险的重要性后，女性投保时又往往会先考虑到孩子、丈夫和父母。给别人做好了安排，却忘记了自己的重要性，要知道，女性自己也是家庭中不可缺少的一员。

所以，不管是为自己还是为家人，负责任的女人都应该注意根据自己的具体情况来购买适合自己的保险，让自己放心的同时，更让家人安心。

那么，女性朋友们在购买保险时，由于年龄层的区分和职业收入的不同，会导致投保的种类有所区别，因而不能一刀切。下面，就分别根据年龄和职业收入两个方面的具体情况来为女性朋友们介绍一下，适合自己的保险种类是哪些。

30岁左右的女性朋友：

这时的女性兼临事业和生育的压力，还有常见、高发女性疾病发病年龄提前、妊娠并发症、新生儿先天疾病等风险的困扰。意外、医疗保障可酌情配置。比如说女性疾病险、妇婴险等，都是这段时间的女性朋友们应该考虑的险种。这一年龄段的女性也是家庭收入的主要来源，还应考虑购买保障型为主的寿险。

30~35岁的年轻妈妈：

这个年龄段的女性朋友大多是初为人母，非常需要保障，因为此时上有老下有小，事业家庭都得兼顾，因此投保一份寿险很必要。其保额应该为年收入的5~10倍。这样万一将来出了意外，起码家庭生活可以维持5~10年不变。同时，意外、医疗险也要考虑。

35~50岁的能干妈妈：

这个时期的女人，大多处于事业成熟稳定期，并且孩子处于慢慢长大的过程中。如果说之前妈妈们有结婚生子、买房买车的压力，还没来得及规划养老的话，现在就要赶紧考虑了，还有重大疾病险也要购买。40~50岁会开始进入疾病高发期，条件允许的话可以考虑具有理财性质的保险。所以，这个阶段的女人应该开始筹划养老金了。

50岁之后的退休妈妈：

50岁之后，很多女人都会慢慢进入退休期，而这个时候，需要女人们来操心的事情也会慢慢减少，因为这时子女也成家立业了。所以，确保无后顾之忧的晚年生活是此时期的重点。应考虑购买年金保险、养老险；当然，随着年事渐高，应及早提高重大疾病、医疗险的保额。

说完各个年龄层的女人适合的主要险种之后，接下来，我们来看看不同职业收入的女性朋友们应该如何理性地投保：

（1）白领女性通常有较固定的工作收入，对于生活也有更长远的规划和期待，因此在购买保险时有较大的自由度，容易成为保险销售人员的主攻对象。比较适合她们的是将收益性的险种和保障型的险种相结合来投保。

（2）对于收入一般的已婚女性，因为已经有了公众的医疗保险，因此在收入平平的情况下，可以只购买一些消费型的意外险作为补充，或投保价格较低的女性健康保险，并在此基础上选择具有分红之类理财功能的保险品种，以达到理财和疾病、意外、养老等综合预防功能。

（3）收入较高的已婚女性，因为个人可支配的财产较多，所以可承受保险公司推出的价格较高的女性健康保险，另外也可以考虑适当地购买一些高回报的投连险或万能险。

（4）至于全职太太，由于其经济来源全部依赖于另一半，应该先考虑的是给先生投保，自己则需要投保一些重疾险和养老险。在此基础上，可以配备一些理财型保险，如投连险、万能险和分红险等。

所以，通过纵向的年龄层的划分和横向的职业收入的区别，亲爱的女性朋友们应该能够大致清楚自己当下最适合买的保险是什么类别了。在投保之前，最好先了解清楚，否则，万一碰上不负责的经纪人，被他们忽悠了，就白白浪费钱了。

什么样的保险公司值得信赖

在女性朋友们决定投保后，最头疼的问题就是应该选择哪个保险公司了。毕竟如今的市场上，保险公司繁多，而业务和价格似乎也相差不大，到底应该选择什么样的保险公司才合适呢？也就是，什么样的保险公司是值得信赖的公司呢？

在选择保险公司时，应先考虑以下基本的几个方面：

公司依法成立、证照齐全；

公司的理念、经营模式、企业文化等；

公司在市场上的口碑如何，是否有过不良记录；

能否在一定程度上领导和代表着这个行业的发展方向；

公司的服务模式是否专业，是否切合自己的实际需求等。

为什么要先重视的是这几个方面而没有让大家特别关注价格和险种呢？因为仅仅从各家保险公司产品的功能和价格上比较，谁也不比谁有绝对的优势，否则，如果光凭产品和价格就能击败对手的话，那别的保险公司完全可以推出一个价格更低、功能更全的产品。

可以说，在保险行业的产品是没有专利保护的，一个好产品出来了，其他的保险公司完全可以随时模仿和复制。因此，竞争到最后，在产品和价格上，每家保险公司都是差不多的。

事实上，如果你愿意掏钱，任何一家保险公司的任何一位代理人都可以为你提供一份保险合同，但这仅仅是纸面意义上的保险合同！

而专业和持续的优质服务，是任何保险公司或任何代理人都可以提供的吗？

问题关键就在这里！

保险合同拿到手，保险的服务才刚刚开始，今后的20年或更长的时间才是真正考验保险公司和代理人的服务是否能够让你满意的关键时候。

而且可能我们都难以想象，我们投保的保险公司也是有可能破产的。一旦你所投保的保险公司破产，你的利益能得到保证吗？所以在选择保险产品时，一定要考察保险公司的长期战略和稳健经营能力，考虑保险公司的口碑、信用记录，考虑其发展方向，而千万不要只顾眼前的利益盲目决定，毕竟保险是一项长期投资。

如果不了解清楚就随意办保险，一旦出险，后悔的可是我们自己。

杨某的妻子2006年怀孕办理准生证时，购买了某人寿保险公司的母婴安康保险，缴纳保险金25元。同年，杨某的妻子发生了交通意外，导致母婴双亡。出事后，杨某向该人寿保险公司报案。按照该母婴安康保险的规定，受益人可得到保险金9 000～12 000元。但是，经过一系列纠结的理赔过程之后，杨某最终只艰难地领取到了人身意外保险金4 000元。本来丧妻丧子之痛就让杨某已经十分伤心了，而最终在理赔的路上，原来的保险代理人的态度与当初办保险时完全是两个模样，让本就伤心的杨某更加遭受一层创伤。如果保险公司连这点最基本的人性关怀观念都没有，这样的保险公司肯定不是值得信任的公司了。

与杨某妻子的例子相反，我们再来看看刘女士的经历。

某超市员工刘女士在新婚登记时购买了某寿险公司的优生优育健康保险，每份保费50元。该险种可对优生优育中可能发生的29种疾患提供风险保障，如新生儿确诊神经管畸形可给付3万元，患唐氏综合症可给付20万元。经4个月围产医学检查，医生发现刘女士的胎儿肠腔畸形，在确诊后被迫中止妊娠。根据该优生优育险的规定，刘女士按原有保险金额的5倍获得了赔偿金。

同样是遭遇不幸，但是，刘女士似乎要幸运很多，她很顺利地就得到了保险公司的关怀与安慰，并且通过经济补偿的方式，让刘女士伤痛的心得到一部分宽慰。

可见，投保时的慎重选择十分重要，投保之初的慎重，就是为自己未来的安心提供更多一份的保障，也是给自己预留了一个足以应对的"万一"。

女人如花，我们希望美丽的女人花万一遭受风雨时，不要因为投保不慎而陷于无助的状态中，更不希望花期未到却先行凋谢……我们希望每一朵女人花都能够在花期尽情绽放，尽情展现生命的美丽！

如何辨别保险经纪人的真伪

很多女人都有过被骗的经历，而被保险骗子骗过的人更是不在少数。由于有些保险公司有专门的保险业务代理可以上门宣传和推销险种，这就给了很多不法分子机会，冒充保险公司的经纪人来骗取大众的钱财。由于女人更容易冲动购买，且辨别真伪的能力稍微欠缺，所以，往往被骗的大多数都是女性投保人。其实，保险经纪人的真伪并没有那么难以辨别，只要我们多长个心眼，保险骗子就没那么容易得手。

杨女士在去年年底就因为被骗而有了一段十分不好的回忆，让她本来可以过得欢喜的大年都没有过好。去年年底的时候，她偶然结识了一名男子，两人聊得比较投机，该男子称自己是个保险业务员，分手时双方互相留了电话号码。过了几天，该男子找到她向她推荐保险业务。她看到对方携带了许多宣传资料并说得头头是道，且自己早已有办保险的想法，就选择了一个险种交了几千元的保险费，对方给她写了张收据，说回公司后才能办理正式发票，过两天立即给她送来，对保险业务所知甚少的杨女士信以为真。可是，时间过去了半个多月，对方却一直没有再露面。这时候杨女士才意识到出问题了，于是，她便慌忙打电话联系那个所谓的"聊得来"的朋友，结果才发现号码是空号，杨女士不甘心，再打电话向那个人所说的保险公司咨询，才知道自己是彻彻底底地被骗了，保险公司里根本就没有这个人。

杨女士是被不熟悉的人骗了，但是，石女士却是被和自己还较熟悉的人给骗了。一名和她平常还有少量交往的保险员在最后一次收取了保险费后不见了踪影，后来她才获知此人还挪用了其他客户的保险费，公司一时也找不到此人。更让石女士后悔的是，由于她轻信那个骗子，对方当时给她打的是张白条，以致她在与保险公司交涉时遇到了不少麻烦，差点拿不回自己的保费。在维权的过程中，所花的车费、时间、精力，更是让石女士觉得身心俱疲……

很多女性在购买保险时，往往由于经验较少或者是容易冲动，易被人忽悠而上当受骗。这里，还是给大家提供一些保险骗子常用的伎俩，让大家在日常生活中就能够有所防范，在需要投保时，能够更加谨慎地判别保险经纪人的真伪。

有的骗子会冒充保险公司的客服打电话。保险代理人并非保险公司内部的工作人员，只是以个人名义代理某公司的保险产品的代理商而已。所以，冒充客服，以售后服务的名义打电话属于违法行为，经过保险公司授权的除外。因此，当你意外地接到所谓的保险公司的客服电话时，不要盲目相信，而是应该及时拨通保险公司的客服电话，予以查证，看看情况是否属实。

有的骗子利用消费者贪财的心理，会故意夸大保险利益，误导保户。此种行为多数出现在销售分红险、万能寿险和投资连接类的保险上。这并非上述3种产品本身的问题，而是一些不法的代理人夸大了该产品的分红功能和灵活保障功能或者不提示产品的投资风险，而造成的欺骗。重申一下，分红型的产品是基于传统险的基础上，加入了分红功能。分红的作用，非投资功能，带有利差返还、死差返还和费差返还的作用。万能寿险的产品，从预定利率上，同传统寿险是一样的，区别在于保障的灵活性和保险成本的透明性和利率随市场利率浮动等优点。上述两类产品是不具有投资功能的。投资连接类的保险是保险中唯一具有投资功能的保险产品，但是，值得一提的是，投资是具有风险的，在投保投资连接产品时，要充分认识到投资的风险性。所以，当有保险推销员上门服务，并且信誓旦旦地给你允诺高额的回报率时，你就需要警惕地对待这个人了，这么好的赚钱机会，他留给你干什么？

肯定是有不良的企图！

有的骗子会利用客户爱占便宜的侥幸心理来行骗。俗话说得好，便宜不是那么好占的。你占多少便宜，就得偿还多少，甚至还得加倍、加数倍地偿还。

此外，从形式、特征上来讲，要识破保险骗子，还有几句话比较实用，大家可以参考一下：一看证件，二打电话，三查发票，保险骗子无处藏！看证件，一定要仔细地查看保险推销人员的工作证件、身份证、代理证等，有条件最好要将其身份证等证件复印一份；打电话，即指在查看了保险推销员的身份之后，要打电话到他所说的保险公司查实，证明看是否有这个人，他是否真的有资格代理保险业务，同时牢记，要亲自打到真实的保险公司，而不要拨打推销员主动给你提供的号码，以防骗子还有同伙的情况；查发票，是指在你缴费之后，一定要确保自己能够拿到正规的发票，而不是简简单单的收据。牢记这三句话，在面对保险推销员吹得天花乱坠的利益时，保持冷静，就可以让自己远离受骗的危险了。

给自己买保险，完成美丽一生的梦想

女人们似乎总在为丈夫、为孩子、为工作、为家庭付出，却很少关爱自己。万一疾病来袭，女人的痛苦只能用苦闷来表达，尤其是没有投保的女人，想想自己的生病给家庭带来了巨大的痛苦，心里就会觉得十分内疚。女人，应该对自己好一点！平日里就应该多多注意保养自己的身体，同时，更应该为自己的身体买一份保险，给自己买来第二个能保护自己的"男人"。其实关爱自己亦即关爱别人。

也许你一直崇尚健康而精致的生活，也许你杜绝垃圾食品，也许你定期做运动，也许你目前家庭和睦，丈夫照顾你无微不至，但即便如此，生活中仍旧有一些让你无法顾及的健康隐患存在。在当今快节奏的社会里，每年有31%～70%的女性患者死于心血管类疾病，而年龄层呈现明显的下降趋势；50%的女性会发生乳腺增生，乳腺癌在女性恶性肿瘤中的发生率已经占第一位，而发病年龄已经从过去的50岁提前到现在的30岁；在全球范围内，子宫癌和卵巢癌每年都会袭击6.2万名女性，死亡率高达近1/3。

我们都不愿意自己生病，但是，病来如山倒，谁能知道自己这辈子在疾病这条路上得过什么样的坎呢？我们应该自觉地给自己一份保障，让我们在生病时，能够化担心为安心。而这份安心，除了家人能够给我们之外，还有医疗保险能够给予。

关于医疗保险，知道的女性朋友不算少；但是要问个详细，恐怕知道的人就很少了。有个朋友，买了多份医疗保险，结果她生病住院，每天的理赔金额加起来，已超过了住院的费用还有赚。

医疗险属于健康险的一种，根据其给付的方式分为收入补偿型、费用报销型和特定疾病发生赔付型三大类。

上述这位朋友投保的医疗保险属于收入补偿型。收入补偿型保险在理赔时，保险公司并不考虑被保险人实际住院发生的费用，而是根据保险合同约定，给付承诺的补偿金。如果被保险人购买了多份或高额医疗补贴，发生理赔时获得的给付金很可能会超过实际的住院费用。

与收入补偿型医疗保险不同，费用报销型医疗保险通常的做法是"实报实销"，在保单约定的金额内，被保险人支付了多少医疗费即可从保险公司获得相应的报销。如果保额是2万元，但实际发生的医疗费仅2 000元，那么最多也只能获2 000元赔偿。因此，该类保险多保并不多赔。

特定疾病发生赔付型的医疗保险一般是重大疾病保险，只要被确诊患有保单约定的重大疾病，被保险人即可获得约定的保险金。这种保险不宜少保，如果预算充裕，就可以适当提高保障额度。

如今的医疗保险，尽管花样繁多，但是大致上都可以划入上面三种类别中。只要考虑好自己的实际情况，给自己购买合适的医疗保险，就可以让自己高枕无忧了！

李小姐30岁，她的职业是教育培训，其月均收入大概在4 000元左右，聪明的她知道应该为自己购买一份医疗保险来保证自己在生病期间的费用。但是，她又希望能够通过保险获得一定的收益，于是，她便根据自己的实际情况购买了分红保险和女性保险。这样，分红保险能够让她享受一定的收益；而女性保险则为她提供了女性特殊的医疗疾病保障。目前，她一年交保费大概3 989元，计划一共交20年，保障到88岁，保险保障为16万元。

那么，根据李小姐的计划，她为自己买了保险之后，可以享受哪些照顾呢？

（1）女性疾病方面的保障：

乳房癌症手术保险金：5 000元/次。

子宫及其附件组织手术保险金：1万元/次。具体包指：①阴道恶性肿瘤。②子宫颈恶性肿瘤。③子宫体恶性肿瘤。④未特指部位子宫恶性肿瘤。⑤卵巢恶性肿瘤。⑥其他和未特指的女性生殖器官恶性肿瘤。⑦胎盘恶性肿瘤。

女性特别手术医疗保险金：5 000元/次。具体包括：①乳房良性肿瘤或其原位癌。②子宫良性肿瘤或其原位癌。③卵巢良性肿瘤或其原位癌。

女性特定疾病保险金：1万元/次。具体包括：①系统性红斑狼疮。②类风湿性关节炎。

意外整形手术保险金：5 000元/次。

（2）医疗保险方面的保障：

一般身故或一级残保险保障6万元。

生病住院给付：100元/天；200元/天（住院天数在31天以上）。

重症烧烫伤监护病房给付：300元/天；400元/天（住院天数在31天以上）。

手术后营养费：500元/次；叫救护车：200元/次。

住院综合医疗费用报销：每次报销80%；每年在5 000元内报销

（3）意外医疗账户：

意外身故或一级残赔付：16万元。

意外住院：100元/天；200元/天（住院天数在31天以上）。

意外（重症烧烫伤监护病房）：300元/天；400元/天（住院天数在31天以上）。

手术后营养费：500元/次；叫救护车：200元/次。

（4）意外医疗费用报销：每次报销100%；每年在8 000元内报销。

看看李小姐的保障计划，相信李小姐不会对自己未来的生病有太大的忧虑了。女性疾病方面有了保障，普通的医疗保障也有了，意外的医疗保障更是具备，她还需要担心什么呢？

你也这样给自己的身体规划过了吗？如果还没有，可一定要抓紧了，不要拿自己的生命与疾病作赌注，赢了固然好，一旦输了，输掉的可是你自己。

如何给自己的丈夫上保险

男人是家庭的主要经济支柱，意外、医疗、重大疾病和寿险保障一定要充分！对于这一点，相信大多数女人都心知肚明，也深知其重要性。因此，给丈夫上过保险的女人不在少数，她们是如何给丈夫选择保险种类的呢？我们还是直接来看一位江太太给自己的丈夫上保险的例子：

"给老公买保险，就是给自己和孩子夯实经济基础，提供经济保障。

首先，意外保险。有几个开车的人可以忽略掉这个险呢？于是，我就找了个保障最全面、保费相对便宜、理赔信誉好的保险公司先投保了这个险，让心里安定点吧。

其次，重大疾病保险。外公瘫痪后，老公主动提出来要买重大疾病医疗险，这正合我意。

再次，投资连结保险。去年，为老公投了一份投资连结保险。9个月后，因为其他投资的需要就赎回了，35%的回报率让我觉得很满意。

像我这样强烈追求安全感的人来说，自从买了保险之后，我敢花钱了。虽然每年的保费支出也不少，但经过我的巧妙安排，把主险和附加险进行了很好的组合，选择了较好的缴费年限，选择了最好的保险公司。因为没有了后顾之忧，我拿出一部分储蓄进行股票和房产投资，很快就赚回了几十年的保费支出。"

看看这位机智的江太太，先给丈夫购买了全面的、充足的保险之后，自己便可以放开提心吊胆的情绪，放心地拿出一部分储蓄来做投资，结果还赚回了投保所用的钱。真是保障、投资两不误啊！

所以，所有聪明的女人们都可以学习学习江太太的做法，给自己的丈夫买上齐全的保险，让自己和丈夫都放心。当然了，不同年龄段的男人有不同的保险需求，太太们在为丈夫们上保险时可不要忽视了这一点。

（1）30岁左右的男人。太太们应该先考虑为这个年龄段的丈夫购买重大疾病保险，以确保家庭经济的稳定性。男性一般在家庭中起着经济支柱的作用，一旦他有任何闪失对整个家庭造成的伤害都将是非常巨大的，就算工作单位福利再好，一旦发生重大事故，都是远远不能解决问题的，所以建议考虑一些重大疾病的险种。因为人一旦生重病，一定会用进口药和特效药，这些药一般都不会报销，需要自己掏腰包，所以可以趁现在年轻，身体健康，考虑一些重大疾病的保险，而且是保终身的。

（2）40岁左右的男人。这时的男人正处于人生事业的高峰期，家庭也逐渐步入成熟期。太太们在为这个年龄段的丈夫投保时，应该考虑到，基于当前家庭经济条件相对宽松，应抓紧时间为丈夫的退休生活做好规划，商业养老年金必不可少。

（3）50岁以后的男人。对于大多数的男人来说，50岁以后，人生的黄金时期已经过去，风险控制成为了这个阶段的主要任务，医疗支出也会随着年龄的增长而不断增加，规划有质量的生活和利用保险减少随时可能发生的医疗支出，就是这个阶段给丈夫投保的重中之重了。这个时期，应该将基本的医疗保险、住院补贴保险和意外伤害险等适合的保险产品纳入养老计划中。

还没有给丈夫购买保险的女人需要赶紧行动了！考虑考虑丈夫的实际情况和需求，咨询一下保险代理人，和丈夫好好商量之后再购买。给丈夫一份最贴心的礼物吧！

给孩子投保，女人该做何选择

一位母亲很有钱，但是她的儿子智力有残障，她很担心自己百年之后儿子的钱会被人骗走，无法生活下去。那么留下再多的钱也不能解决这个问题，相反钱越多会越让坏人惦记。所以这位母亲希望，不要求收益率高，只要求能保证她的儿子按月领到钱。此时我们常听到的银行、股票、基金、房地产、外汇等各种理财工具通通不管用了，只有保险才能大显身手。于是她托人设计了一份保证领取的养老年金，无论她本人是否健在，都可以让她的儿子按月领取一笔养老金，保障基本生活的需要。

"可怜天下父母心！"尤其是母亲，看着自己可爱的孩子，总恨不得把全世界美好的事物都给他，但是，我们能做到的毕竟很有限，我们能照顾到孩子的地方也很有限。有时候，孩子的伤害在我们的意料之外；有时候，孩子生的重病也无法在我们的预料之中……当我们束手无策时，除了保险能帮助我们之外，还有什么能够援助我们呢？可是，给孩子买保险也并不是一件很简单的事情，不同的家庭由于经济条件不一样，由于孩子的具体情况不同，购买保险的种类也会不同。这个时候，就需要妈妈们来多操心权衡一下了，争取给孩子购买到最适合他、也最让妈妈们自己安心的保险。

1. 经济实力一般的家庭，购买儿童意外险和医疗险

儿童意外伤害险就是针对18岁以下儿童，在遭受意外时所产生的高额的医疗花费等经济损失以及意外致残、致死的人身保障。我们可以酌情为孩子购买意外类险种，一旦孩子发生意外后，可以得到一定的经济赔偿。这类保险的保费便宜，保障高，无返还。而现在普通的儿童一生病住院，动辄需要几千元，积累下来，花费也不小。因此在考虑购买险种时，建议家长可以购买附加住院医疗险和住院津贴险。这样，孩子万一生病住院，大部分医疗费用就可以报销，并可获得50～100元/天的住院补贴。

这是最基本，也是最经济的两个险种，遇到因无人照管或是稍有疏忽而发生的意外伤害，如跌倒、磕碰伤，或是较严重的如车祸等，就可以得到一定的经济赔偿。这类险花钱不多但是保障挺好，十分适合家庭经济实力一般的家庭。

2. 经济实力较强的家庭，还可增加教育储蓄险和重大疾病险

教育储蓄险主要就是解决孩子未来上学或者出国留学的学费问题。以购买保险的形式来为孩子筹措教育费用，购买保险后需要按时向保险公司缴费，作为一种强制性储蓄，可保障孩子日后的教育费用。而一旦父母发生意外，如果购买了可豁免保费的保险产品，孩子不仅免交保费，还可获得一份生活费。此外，它的收益要比定期存款稍高一些，可以避开利息税，同时可作为一种家庭理财规划。

另外，重大疾病高额医疗费用的负担比较沉重，往往使一个家庭产生巨大的经济压力。而以前保险公司是拒绝为幼儿投保该项险种的，但现在年龄限制已经放宽，因此经济实力较强的家庭可以购买这种险种，以防万一。

3. 经济实力很强的家庭，最后可以增加理财型的险种

如果家庭经济实力确实很强，又想给孩子更多的保障，不妨请保险公司提供一些理财型的险种进行组合。投资连结保险是一种融合保障、储蓄与投资于一身的新险种。与其他险种不同的是，投资连结保险能够较好地融合风险保障与理财规划的优点。投资类保险尤其是万能产品，可以同时解决孩子的教育、创业、养老等大宗费用的问题。

这是根据不同家庭不同经济条件给出的建议，主要是因为目前存在很多妈妈都在盲目给孩子买保险的情况。我们需要提醒一下，很多家长在给孩子买保险时都会走入一些误区，尽管是"爱之深"，但也还是需要理性对待的。

（1）保险不是买得越多越好。一般而言，很多险种都是买得越多，获得的赔付数额也越多，但这对少儿险并不适用。有些家长通过不同的保险公司购买少儿险，来增加身故保险金。在这种情况下，如果孩子出险，往往会因为超出保障限额或未履行如实告知义务，而被保险公司拒赔。

（2）很多妈妈太爱孩子，投保时考虑太过"长远"。有很多经济条件较好的家庭都选择为孩子购买终身寿险，想要保障孩子的一生。其实这样的做法是不合适的。过早地考虑孩子的终身问题并没必要。孩子长大后，会对生活有自己的规划。而且，终身寿险只有在孩子身故以后，才能获得保险赔付，孩子本人实际享受不到终身寿险的收益。

（3）还有一部分家庭在给孩子买保险时，思路打不开，总是局限于少儿险。很多妈妈都认为给孩子买保险就一定要从少儿险中选择。实际上，目前有些保险公司推出的万能险，对投保人年龄限制比较宽松，也很适合为孩子进行长期保险规划。

　　孩子是家庭的未来，给孩子买一份最适合的保险，就是保障了家庭的未来。但是，也不能因为这样就给孩子盲目购买太多的保险，理性的妈妈应该结合自己家庭的实际情况，咨询一下专业人士的建议后再购买。

投保女性专属险，连带你的宝宝

　　现代社会，女性疾病已经成为都市女性的一大困扰，许多重大妇科疾病已呈现出发病率提高、发病时间提前的趋势。据统计：1990～2007年，在世界范围内，乳腺癌的发病率和死亡率均增长了22%，它在各种癌症发病率中排列第二，占癌症患者20%~30%，40~49岁为发病高峰。宫颈癌发病率是女性肿瘤中的第二位，全世界每年有20万妇女死于宫颈癌，我国每年新增发病人数超过13万。近年来，这两种癌症发病患者日趋年轻化，国内发现的最年轻的宫颈癌患者仅为26岁。这些数字使女性感到恐慌，善于规划生活的女性朋友开始考虑如何应对这些人生之中潜在的风险问题。而目前市场上的重大疾病保险大多没有涵盖女性常见的器质性疾病。因此，女性专属保险的作用就显得尤为重要。

　　30岁的小汪今年刚刚嫁作人妇。小汪听朋友介绍，70%以上的已婚女性都有不同程度的妇科病，且女性得病的几率远远高于男性。这使得她在婚后不由地萌生了一个念头，到保险公司买份保疾病的保险。在几大保险公司网站查阅后，小汪发现，同一家保险公司的重大疾病保险和女性疾病保险的价格差别不小。

　　像小汪投保的这家公司的一款重大疾病保险，投保20万元，保障到70岁，分20年交纳保费，每年需要交纳保费4 000元，20年总共需要交纳保费8万元。而如果投保另一家公司的女性重大疾病保险，同样是保障到70岁，分20年交纳保费，每年需要交纳保费3 400元，20年总共只需要交纳保费6.8万元，能省下1万多元，超过一成的保费。

其实，专门针对妇科疾病的女性疾病保险，一般比普通的重大疾病保险便宜，主要是由于去除了很多女性不需要的病种。

目前各家保险公司的女性重大疾病产品保障的疾病虽然各有不同，但一般而言，所保障的各种癌症与普通重大疾病险中的"恶性肿瘤"是重合的，但如系统性红斑斓疮性肾炎严重的类风湿性关节炎等疾病和妇科原位癌、骨质疏松症、尿失禁症、特定骨折等女性疾病则是普通重大疾病险所不能保障的。所以，选择女性专属的重大疾病保险，就可以为女性可能患的一些特殊疾病提供保障。

整容手术医疗保险也是为女性提供因意外而导致面部创伤所需的颜面部整形手术保障。如果被保险人不幸因交通事故、烧烫伤引起面部创伤，女性专属保险就可以补偿进一步接受颜面部整形手术的费用。

生育保险就更具针对性了。从怀孕到分娩，女性将面临一系列这个时期特有的疾病风险，如葡萄胎、宫外孕等。因为生育风险只有女性才有，所以社保和普通医疗保险责任中一般都不包括妊娠、流产、分娩、不孕症、节育、绝育手术、不孕不育治疗、人工授精、产前产后检查以及由以上原因引起的并发症。生育保险即是针对生育医疗风险的特殊产品。而且，生育保险还有一点比较特殊的优势，那就是，也有一些保险把母亲和孩子一同列入被保险人，为新生儿先天性重大疾病提供保障。

每一个爱护妻子的丈夫，都应该提醒自己的爱人买一份女性专属险；而每一个爱惜自己的女人，更应该主动为自己购买一份女性专属险。

发生理赔情况，女人该如何操作

保险了，并不代表着你将来万一出事就一定能获得赔偿，也就是"并非有保必赔"。我们都知道，并不是所有的事故都可以获得保险公司的赔偿。很多女人由于嫌麻烦、没耐心，在投保时就没有弄清楚哪些情况是无法获得赔偿的，也不知道如何有效避免无保障的风险，更不知道出险时应该按照什么程序来理赔，结果错过了最佳理赔时机，让理赔的道路走得更加艰难。所以，对于掌管家庭理财命脉、为家庭健康保驾护航的女性朋友们来说，熟记理赔程序就显得尤为重要了。

一般来说，保险理赔的程序都是比较固定的，所以，在办理保险的时候，就一定要问清楚具体的理赔程序，以防万一。一般来说，理赔都是按照以下几个步骤进行的：

（1）立案检验。一旦投保人出险，就应该在最快的时间内通知保险单位。而保险单位在收到通知后，就会立案并编号，再派专门人员到现场进行调查，记录损失的实际情况。这些实际情况的记录，是日后理赔的重要依据。所以，对于投保人来说，在最短的时间内通知保险单位，是自己在出险之后应该做的第一件事。

（2）审查单证，审核责任。保险公司通过详细的调查和对单证的审查，就可以确定赔偿责任。

（2）核算损失。在确定能够予以赔偿之后，就需要根据合同的规定，通过调查来确定损失的大小及赔偿的额度。

（4）损余处理。这个程序一般只针对财产险才有用，也就是利用残余物资的程序。

（5）保险公司支付赔款。在上面的程序都一一走过之后，就到了保险公司支付赔款的步骤，也就是保户能够拿到赔款的时候。

有些时候，很多保户觉得自己很冤枉，明明出了事故，而且这些事故看起来应该属于保险责任，最终却依然无法得到赔偿。这就提醒我们，在投保时一定要弄清楚合同中有哪些免责条款。曾经有一个轰动全国的保险案例：

丈夫开车到家门口时，不小心撞倒了自己的妻子。妻子受伤住了1个多月的医院，花了几万元钱。妻子在住院期间，想起这辆车上了第三者责任险，就让丈夫找保险公司索赔。保险公司却将她的丈夫拒之门外。她非常不解，而保险公司的理由是：撞到自家人，保险公司不赔。这位女士十分不理解，为什么不能正常理赔呢？后来，经过工作人员的详细解说才知道，第三者责任险是将被保险人的家庭成员列在免责条款之列的，因此自己被丈夫撞倒属于"撞了也白撞"。不仅在车险中，寿险、家庭财产险以及其他责任保险中都有"免责条款"。不同险种在此条表述中会有一定的差别，投保人在填写保单时必须注意是否有相应情况，避免日后出现争议。像这位女士这种情况，就是由于在投保时没有问清楚的缘故。

即使投了保，我们也都不希望自己出现什么意外。可是，天意难测，万一遭遇不幸，如果我们已经投保了，那就一定要冷静下来，用最理性的态度来走理赔之路。在理赔的路上，我们还需要注意几个诀窍，不然，因为不注意一些细节而让自己错失获赔的权利，那就亏大了！有人总结了三个字：短、凭、快！这里推荐给大家，希望对大家有所帮助。

（1）短：也就是我们之前所提到的理赔的第一步中的注意事项。在保险事故发生后，应及时通知保险公司理赔部门，形式不限，书面、电话、传真和上门都可以，一般应于知悉保险事故发生之日起10天内。否则因通知迟缓而导致保险公司查勘、调查困难的费用，有可能由被保险人或受益人承担。在事故发生之后，可能投保人的心情遭受重创，难以恢复平静，或者是行动不便，或者是其他更为严重的情况，可能会延迟投保人通知保险公司的时间，这时候，就需要投保人的亲朋好友来帮忙了。无论如何，不管采用何种方式，一定要在最短的时间内让保险公司知道事故的发生。

（2）凭：也就是凭证。没有凭证是无法很快正常索赔的。所以，在索赔时，我们一定要尽量提供完整、真实的证明或材料。当然，各种证明因为索赔的内容不同而有所差异。若发生道路交通事故提出索赔，应有交警部门的事故处理证明；发生人身伤亡时，应有公安部门的法医证明、处理意见以及保险公司认可的医院出具的医疗诊断证明、相关的诊断凭证和出入院的证明及医疗费用原始发票。值得注意的是，各种证明应具权威性，符合法律规定。最好将各种证明在最短的时间内准备齐全之后，让保险公司的人一并核实。

（3）快：在事故发生之后，一定要尽快找出保单，找出最近一次交费收据。同时，不要忘了，还要翻一翻保单，看看保单中的保险责任范围是否与保险事故性质相一致，以免做无用功。

记好理赔诀窍，一步步走好理赔程序，你的理赔之路肯定会少很多麻烦。当然了，这是说的事故发生之后保户应该如何做。毕竟，我们谁都不希望事故发生，我们希望每个女人和家人都能够健健康康！

最后，一定要提醒管家的女人们，投保之后，可要好好注意保单等凭证的保管，千万不要等到出险时，再临时慌乱地翻箱倒柜！这样，带来理赔麻烦，就只能怪自己了！

第十一章 从白领到老板，尝尝创业的滋味

打工的日子确实很容易让人生厌。每天不但有没完没了的工作和加班，还得面对愚蠢的上司、小气的老板和难缠的客户。如果有一间自己的小店，踏踏实实地为自己忙碌，即使小店经营得不好，也没有人来责备你，更不会有人用辞退的借口来威胁你，开开心心，没有压力。所以，女性朋友们，是时候尝尝创业的滋味了！

看清楚自己的含金量

"高管"头衔比比皆是，含金量的差异却是很大的。很多女员工在原来的公司带着"经理""主管"的头衔，跳槽时，自然而然会有下一家公司给的职位不能低于以前的级别的想法。在跳槽后进入下一家公司的时候，当你发现现在的职位不如以前高，往往不愿"委曲求全"时，你要想到职业的含金量，这是衡量工作价值的标准。不要觉得比你前一个岗位低的职位就有损你的自尊心。现在许多大公司和知名企业并不轻易承认那些"高管"头衔，他们关心的，是求职者的具体职责。

"你在以前的公司具体做哪些工作？取得什么样的成效？"这是企业在招聘的时候最关心的话题，他们绝不会异常关心："你在前一个公司的头衔是什么？"

猎头顾问曾指出：不同的工作领域，相同的工作性质，它的职业含金量也不同。许多小型企业的"经理""总监"所做的工作，所承担的职责，还比不上一个大型企业里的普通职员。"高管"头衔比比皆是，含金量的差异却是很大的。如果一个做财务管理的人，在一家大型工业企业就算是一个普通职员，能够学到的东西也一定强于在一般零售业里的财务管理人员。

高级职场白领应把眼光放在企业的发展空间，能否给员工提供福利、培训等优良条件，这些远比形式上的"头衔"更加实惠，而且能够为你以后的创业积累足够的职业含金量，从而使你的职业生涯再上一个台阶。

另外，要提升自己的含金量，就必须注意自己在上司心目中的形象。很多女性到公司很长时间了，在同事面前做事有条有理，但在上司面前却手忙脚乱，做事乱了"章法"。怎样塑造在上司心目中的形象呢?

1. 反应要快

上司的时间比你的时间宝贵，不管他临时指派了什么工作给你都比你手头上的工作来得重要，接到任务后要迅速准确及时完成，反应敏捷带给上司的印象是金钱买不到的。

2. 说话谨慎

工作中的机密必须守口如瓶。

3. 保持冷静

面对任何困境都能处之泰然的人，一开始就取得了优势。老板和客户不仅钦佩那些面对危机声色不变的人，更欣赏能妥善解决问题的人。

4. 勇于承担压力与责任

不要总是以"这不是我分内的工作"为由来逃避责任。当额外的工作指派到你头上时，不妨视之为一种机遇。

5. 提前上班

别以为没人注意到你的出勤情况，上司可全都是睁着眼睛在瞧着呢！如果能提早一点到公司，就显得你很重视这份工作。

6. 善于学习

要想成为一个成功的人，树立终生的学习观是必要的。

7. 别对未来预期太乐观

千万别期盼所有的事情都会照你的计划发展，要有受挫的心理准备。

8. 苦中求乐

不管你接受的工作多么艰巨，即使鞠躬尽瘁也要做好，千万别表现出你做不来或不知从何入手的样子。

9. 敢于作出果断的决定

遇事犹豫不决或过度依赖他人意见的人，是注定要被打入冷宫的。

10. 广收资讯

要想成为一个成功的人，光从影音媒体取得资讯是不够的，多看报纸杂志才是最直接的知识来源。

职场女性取得高薪的方法

女人也要养家，幸福的女人不会是对薪金整日愁眉苦脸的人。许多人一提到薪水问题就不好意思开口，这是一种非常错误的做法，自己的合理要求要勇敢地提出来。在薪水谈判时该怎样提出薪水的要求呢?

1. 问清税前税后

劳资双方在商谈薪酬待遇时，求职者往往忽略税收问题。你的薪水越高，所要承担的税金也就越高。因此，最好事先问清楚，约定的薪酬数额是税前款还是税后款，并在劳动合同中加以注明，以免误了你的"收成"。

2. 分清基本工资与奖金

通常公司会把你的工资总额分成几块：基本工资、效益工资、奖金、津贴、补贴等。在保证工资总额不变的前提下，你要力争基本工资。因为，在一般情况下，公司会把你的基本工资定得很低，这样你的各类保险费用也会相应地降低，而如果当你进入"产期"、准备生宝宝时，公司就有理由只发给你基本工资，那样，收入就会大大减少了。

3. 高薪不能代替保险

如果公司给你高薪，却不给任何保险，那你可别忘了给自己买一份商业保险。但你要知道，《劳动法》第七十二条中规定：用人单位和劳动者必须依法参加社会保险，缴纳社会保险费。即使你和公司之间有了协定，公司也不能免除此种责任。如果公司想要炒掉你，一定要让公司为你交齐这段时间的保费。如果不交，那就拿起法律武器保护自己的权益。

在今天这个职场竞争异常激烈的社会，很多女性感叹工作难找，取得高薪就更难了。其实只要你掌握了职场赢得高薪的技巧，取得高薪也不难。

1. 选择业绩佳、前景好的公司

高薪来自公司的高绩效，所以你要先留意公司的体制，如组织决策流程、员工素质、核心技术等。但是，你也不应只关心公司现在的业绩，更应关心影响整个公司乃至整个行业发展的因素。

2. 观察企业的领导人是否具备前瞻性眼光

好的领导就像动力十足的引擎，为公司输入新的想法，创造和谐的工作环境。如果领导人具有开拓进取精神，必定能为员工提供一个广阔的发展空间，薪金增长也自然水到渠成。

3. 让自己成为难以替代的人

物以稀为贵，职业也是一样。如果你做的工作人人都能做，你受重视的程度和薪金自然高不到哪儿去；如果你做的工作别人不能做或能做的人很少，拿高薪是顺理成章的。所以，职业女性应该时时注意企业的整体环境正在发生哪些转变，并且思考在这样的转变中，公司急需具备什么技术或才能的员工，以便及早准备，提升自我价值。

4. 丰富自己的阅历

阅历丰富的通才，可以有效地整合公司内高度分工的各项资源，形成综合效应。因此，女性要把握住各种机会丰富自己的阅历，如参加项目规划、参加在职培训等，在学习的过程中尽心尽力，在潜移默化中提升自己的价值。

5. 具备团队协作精神

这几乎成为招聘方对求职者共同的、最基本的要求。可见合作协调在一个组织中的重要性，一个有序的组织应该是强调专业分工，但绝不能各自为阵。在这种环境下，能够组合、协调本部门或部门之间的工作，发挥团队力量的佼佼者，高薪自然不在话下。

6. 目光长远

这一招不是什么实际的办法，而是提醒你追求高薪是你的目标，但目光远大的人不能将视线只停留在追逐高薪上。因为只有不断增加你的个人价值，才是你取得高薪的源源不断的动力。如果一味追求高薪，而忽略了薪金仅是个人价值的反映，难免会舍本逐末。

入职以后，如果不小心遇到"抠门"的老板，无视自己的劳动付出，总是对薪金视而不见，这时候，就需要你使用一些方法让老板为自己"乖乖"加薪。

1. 循循善诱

说服老板给你加薪是一件非常困难的事，因此，你必须有充足的理由才能开口。而且要让老板认为给你加薪是一件很合算的事，在谈话时，要"诱"而不能"逼"。

2. 期望切实

一个人的期望值与他们所得到的结果有着非常密切的关系。所以，向老板开口时，你的期望值应该是符合实际的。因此，应该注意多关注一些同行的薪酬情况，同时，还应当注意用一种婉转的方式表达自己的意愿而不能过于生硬。

3. 明确自己的利益

加薪也包括你在各方面的福利和待遇的提高。除了最基本的薪水之外，如利润提成、股票期权、晋升机会、年假等都可以向老板提出。许多人觉得这种事情很难开口，其实这是一种误区，开诚布公反而更能够促进双方的理解与沟通。

4. 估算老板的利益

和你一样，老板也关心自己的利益。在你说服他为你加薪时，要注意，你的利益增长和他的利益增长应该是相一致的。

5. 备选方案

万一无法说服老板为你加薪，你需要准备一个"B计划"来达到你的目的。你可以准备一个详细的行动方案以备不时之需。

女性升职要具备的六大特质

求职之初，女性往往会因为过于谦逊而错失了该有的位置，在工作过程中，可能也会过于温柔和缓，不想竞争，因而必须在不如自己的人手下工作，甚至对方由于能力不足、表现不如自己而会想要打压你。

职场即战场。倘若你想要晋升，随之而来的竞争和搏击就不可避免，这时，你能依靠的只有自己的坚强意志。千万不要常常觉得自己很可怜，装柔弱或轻易落泪，那只会破坏形象，职场中女性若表现出弱者姿态，就注定和晋升无缘。从重建"上进心"及"自信心"开始，学习正确地评估自己，是职业女性成功的第一步！

竞争激烈的职场上，女性如果想要获得成功，除了有时必须付出比男性更多的努力之外，还要从下面几个方面来提升自己的素质。

1. 敢于踊跃发言

在一些以男性占多数的职场中，女性的意见往往会被淹没，成为"没有声音的人"。女性应该坚信，自己绝对有发表意见的权利。成功女性发言前有所准备，有条理地陈述意见，并且言之有理，自然能表现出权威感，也较能在同事中被突显出来。

2. 勇于提出需求

千万不要以为，你的主管会很主动地注意你的需求，会替你设想，为你规划升迁之路。其实，一个部门中人数众多，主管很难顾及每个人的需求。如果你有很强的上进心，最好主动让主管知道。除了直接向主管反映你在工作上发展的期望外，还有其他一些方式，可以让主管察觉你的上进心。例如，在开会时，成功女性从很早就已经坐在"参与度高"的前段座位，并且积极发言、提出有建设性的想法。

3. 要求授权、担起责任

在职场上，老板最喜欢的员工，是可以放心授权的"将才"，而不是畏畏缩缩、无法担起大任的小兵。女性如果能够"主动"要求上司授权，接下别人不敢接的工作，自然能得到更多的表现机会。例如，你可以勇敢地接下大家都觉得棘手的项目，借着这些工作的洗礼，累积职场经历，并且激发自己的潜能。

4. 对自己的定位清楚

女性想要在职场上担任要职，一定是很早就已经抱着"我要在职场上闯出一番成就"的决心。她们不会怀有"等哪一天出现一个白马王子救我脱离苦海"的天真想法。她们知道，在职场上为自己定下什么样的目标，往往结果就会如何。例如，为自己定下"要在几年内成为主管"的目标，并且有计划地去达成过程中必须完成的小目标，自然就有成功的机会。反之，如果一点具体目标也没有，成功也不会从天而降。

5. 懂得推销自己

在职场上，自我营销是绝对有必要的。在众多同事中，如何让老板发现你的上进心和专业能力，需要有一些主动的作为。即使主管没有要求，成功女性也会定期向主管报告工作进度。

另外，当其他同事习惯性地躲着老板时，她们会主动与老板攀谈，给老板留下积极、正面的好印象。

6. 对不会的要边做边学

与男性相比，女性往往容易退缩，对于未曾做过的工作，总是显得迟疑不前，也因此错过许多表现的机会。而成功女性则不愿错过任何表现的机会。她们知道，对一件工作即使不是完全熟悉，也可以边做边学，而且要充满信心上场接受挑战。即使做错，也能得到宝贵的经验。例如，当上司要给你升任主管的机会，有潜力的成功的职场女性不会以"我没当过主管"为理由而退却。在职场中顺势而为、随机应变，也是女性能否早日成功的关键之一。

最后，在职场上真正成功的女性，不会整天紧绷着一张脸，也不会焦躁地走来走去，使别人有借口批评她"情绪化"。所以，不管你多努力、多累或多生气，"保持笑脸、放轻松"的确是职场女性必须要学习的功课。

开间特色小店挣大钱

如果你留意就会发现，很多特色小店现在都开得很火，很赚钱。现在，人们都很注意饮食，已经不满足于在家里做着吃了，那么你是否想到要自己开间小店呢？

开间特色小店是很多女性的梦想，但是怎样才能让自己的小店更有特色并能赚更多的钱，却不是每个女性都知道的。

1. 独特的个性

无论经营哪种商品，都要强调它在同类产品中独特的个性，不能大众化。所谓个性化，指的是你经营的商品以时尚前卫、价位低廉、商品稀奇、"人无我有"、销售新奇等个性突出。只有这样，你的特色店才能日益彰显出自己的个性，在茫茫的"店"海中取胜。

2. 领潮时尚

领潮时尚几乎成了许多特色店的代名词。毫无疑问，特色小店的潮流嗅觉总是要比大商场快一些。像近年来大卖的茶花花饰、伞裙、宽腰带等，都是从小店开始流行的。因此，在进货上要突出"八字方针"——超前、新颖、品位、独特，同时这也是小店制胜的法宝。

3. 最棒的设计

只要你的店拥有最棒的设计，就一定能吸引众多的顾客前往。

王芳在吉林开了一家服饰店，虽然她显得有几分腼腆和内向，可走进她的服饰小店，绝对会让你大吃一惊。店堂里，一边是仿明清风格的老式烟榻和床，繁复而又持重；另一边却是简单到只剩一幅布帘和一张矮条椅组合的更衣室。新和旧、传统与现代、繁复与简约，在这样的空间里冷静地对视，淋漓尽致地彰显出设计者的性格。王芳的小店凝聚了她所有的梦想和希望。她始终相信，做设计未必要专业出身，只要有自己的想法，随性地把美组合在一起，就是最棒的设计。

4. 悬念性的刺激

特色店还有一个吸引人的地方，就是在价格上制造悬念性的刺激。特色店的价格不像商场和专卖店一样明码标价，而是给顾客留下了讨价还价的余地。不确定的价格当然会带来心理的变化，砍价的过程虽然也会让人心疼，但其中的微妙感受也是刺激无比。

5. 实惠的价位

之所以称"实惠"而不是"便宜"，是因为现在特色小店的价格已不再是便宜的代名词。比如，那些经营服饰的店的商品平均价格都在七八百元，有些货品甚至以千元计。但和商场、专卖店相比，同样价位的服饰"含金量"却往往省略了这些，也就为消费者省下了不少钱。所以，权衡其中的个性、品位、独特性，其"性价比"往往比大商场中的很多同类品牌都优越得多。

做到以上这几点，你的小店一定会脱颖而出，到那时，必定财源滚滚。

创业要注意的几点问题：

（1）创业一定要衡量自身的经济实力。如果不是有足够庞大的资金，劝你还是不要考虑。

（2）自己当老板和给别人打工不同，这种投资是几年乃至几十年的事。

（3）一定要进入自己懂的行业，决定创业前一定要慎重。

（4）创业要把握时机，有好的时机不可错过，没有好时机也不必强求。

宠物经济时代到来，不要错过赚钱的机会

现代很多人都喜欢养宠物，你几乎可以在每个小区都见到小宠物，但是你有没有想过可以从宠物身上找到商机呢？

据有关资料显示，目前中国宠物及其用品1年的交易额已超过了100亿元，宠物各方面的需求量以每年15%的速度在增长。专家预测，中国宠物市场的潜力在150亿元以上。不可否认，宠物行业这一全新的朝阳行业正以迅猛之势在中国的经济中显示出越来越强大的生命力，并以巨大的发展潜力吸引着众多的投资者进入这一行业。想赚钱的女性怎么能错过这一大好的时机呢？

传媒人士王小姐就是以养犬发家的，她从1991年开始投资养犬。

王小姐进入这个行业是一次偶然。当时一位邻居告诉她，一边玩狗，一边可以赚钱。于是，她就花了5 000元买了一条拉萨狮子狗。这种狗1年生两窝，一窝一般4只左右。那时，一只小狗可以卖1 000~5 000元，这样1年下来，就赚了3万元。第一次投资就有了收益，让她信心大增，因此她又追加了

投资。1991年，她花了3万元买了3只名狗，3个月后，又以每只5万元卖出，这样不仅收回了成本，还净赚了12万元。

1991～1993年，她以3万元作投资，赚了上百万元。

2006年正好是狗年，狗的价格猛涨，一只红色的巨型贵宾犬可以卖到50万元。现在，王小姐不仅拥有了自己的大型犬会，还建立了特色犬专业网站，通过养狗成了千万富翁。

现如今，家有宠物已成为了一种时尚。据有关部门预测，未来10年，我国"哈宠族"的人数将呈几何级数增长。聪明的女性如果能抓住这一机遇，下一个百万千万富翁可能就是你！

通过宠物赚钱有以下途径：

途径一：开间宠物写真馆

宠物在某种程度上已成为了家庭成员，针对小猫、小狗的服务也越来越细。给宠物拍写真就是一例，而宠物写真馆的商机也应运而生。

投资条件：20平方米左右的铺面，有简单的摄影棚和摄影装备即可。店铺位置可选择公园、市民广场和宠物医院附近，以利"借光"。

个人条件：好的宠物摄影师，除了过硬的技术，还必须了解与宠物相关的知识，熟识每一个种类，知道它们身体上每个最有价值的部位，甚至要知晓大多数宠物的骨骼图。国外的宠物摄影从20世纪60年代就开始起步，通过几十年的积累，现在已经形成了一个成熟的市场，有一批大师级的职业宠物摄影师。但宠物摄影目前在国内还没有形成行业氛围。

定价参考：单张照片的价位可在30～60元，一本相册可定200～1 000元。同时可考虑将照片印在杯子上，或放进钥匙扣里，一方面可以完善产品种类，另一方面也能增加盈利点。

促销方式：开始可给意向客户免费送数张照片，如果他们想大量拍摄或制作相册，再另外收费。也可以通过宠物网站和客户口碑增加订单，有些网站有"宠物选美"活动，可以通过免费为宠物拍照打开名气。

途径二：开个宠物饰品店

开个宠物饰品店，首先，要有本钱，如果没有，那么就得去张罗。其次，想加入宠物饰品店行业，就要有宠物的专业知识，起码你的专业和这个要有些关系。如果没有，你就要学习，而这种学习你最好不要去这类的专业学校，因为消费太贵，而且学得的东西一开始开宠物饰品店还不一定能用得上。开宠物饰品店最重要的是怎么去管理和经营宠物饰品店，所以最好找个宠物美容店或者是宠物保健店去实习，其实就是为积累日后开宠物饰品店的经验，偷学艺去了。最后，你最好能联系到生产或者销售宠物用品的单位或是开宠物饰品店的个人。如果这三点你都满足了，又有工作热情，不怕苦难，现在就开个宠物饰品店，别怕！如果上述你有很大的困难，不如现在就一样一样地实现吧。

如果你觉得自己做不到，那还是先到社会上锻炼锻炼经验再说吧，但是你要记住，给别人打工，尤其是女性，发财的可能性很小，所以要好好谋划谋划自己的事业，自己的人生！

网上开店，当今时尚挣钱法

现在大学生就业的形势越来越严峻，找工作成了当今的一大热门话题，基本上80%的人都在各公司求职，很少有人会动脑想办法，自己创业开个小店。

当别人还在到处投简历的时候，陈妙已经开始了自己的小买卖，在网上开店。

早在读大学时，陈妙就敏锐地察觉到，许多日韩化妆品在欧美市场的销量很大，而且价格比欧美本土其他品牌要高很多。后来，她发现许多化妆品在原产地的价格很低，便有了尝试网上贸易的想法。最初，她在国内进货卖给国内用户。接着，她开始利用淘宝的全球平台打开国外的进货渠道和销路。几乎每天半夜，她都会在淘宝网站上"蹲点"，等待第一时间拍下的目标货品，再放到自己的小店中，向全世界的用户售卖。她拍下的大多为日韩品牌的化妆品，还有法国、美国的稀有品牌，但价格比市场价要低很多，因此受到用户的广泛欢迎。现在的陈妙选择了将网上开店作为自己的专职行业。她说："在网上开店，让我感觉更自由，而且收入也不错。"

"点击鼠标就可以做生意赚钱"，网上开店这一新经济形式逐渐为中国网民所接受，吸引着越来越多的消费者在网上就业，而其中的佼佼者多为女性。

网上开店之所以能吸引广大女性朋友是因为它易上手、易操作、低风险。网店不受传统的营业时间、营业地点的限制。经营者可以全职也可以兼职经营，不需要投入大量的时间去看店。与传统的店铺相比，网上开店不用租赁门面，不用缴纳税金、水电费，而且按需进货，不用担心货物积压。任何一个有兴趣从事网上交易的女性卖家只要注册用户名并通过系统的认证，就可以实现网上开店的梦想。通过详细清楚的一步步在线指引，即使对操作电脑不是很熟练的人也可以在网上卖东西。

因为网店是开在互联网上的，面向的是所有可能看到商品的网民或消费者，这个群体可以是全国的网民，乃至全球的网民。低成本、低门槛，是网上开店的另一大优势，也是吸引女性卖家的另一重要因素。无店铺的经营模式不需要较多的资金投入，少量的商品登陆费用与线下房租、水电等杂费相比几乎可以忽略不计。

网上店铺真是琳琅满目，化妆品、服装、数码产品……每一个项目都有很大的发展空间，都有前途。关键是怎么去做，做什么适合自己，这才是最重要的。在当今的时代背景下，网上开店为女性提供了更为广阔的致富空间。所以，女性朋友们要把握住这一良机，争取多为自己赚钱。

下面介绍一些网上开店的技巧。

一、在网上卖什么

和传统店铺一样，在网上开店的第一步就是要考虑卖什么，选择的商品要根据自己的兴趣、能力和条件，以及商品属性、消费者的需求等来定。

二、开店前的准备工作

选择好要卖的商品后，在网上开店之前，你需要选择一个提供个人店铺平台的网站，并注册为用户。为了保证交易的安全性，还需要进行相应的身份和支付方式的认证。

1. 进货、拍图

网上开店成功的一个关键因素在于进货渠道，同样一件商品，不同的进货渠道，价格是不同的。

通过身份验证后，你就要忙着整理自己已经有的宝贝，为了将销售的宝贝更直观地展示在消费者面前，图片的拍摄至关重要，而且最好使用相应的图形图像处理工具进行图片格式、大小的转换，如Photoshop、ACDSee等等。

2. 发布宝贝

要在淘宝上开店铺，除了要符合认证的会员条件之外，还需要发布10件以上宝贝。于是，在整理好商品的资料、图片后，你要开始发布第一个宝贝。

友情提示：如果没有通过个人实名认证和支付宝的认证，可以发布宝贝，但是宝贝只能发布到"仓库里的宝贝"中，买家是看不到的。只有通过认证，才可以上架销售。

三、获取免费店铺

淘宝为通过认证的会员提供了免费开店的机会，只要你发布10个以上的宝贝，就可以拥有一间属于自己的店铺和独立网址。在这个网页上你可以放上所有的宝贝，并且根据自己的风格来进行布置。

四、店铺装修很重要

在免费开店之后，买家可以获得一个属于自己的空间。和传统店铺一样，为了能正常营业、吸引顾客，需要对店铺进行相应的"装修"，主要包括基本设置、宝贝分类、推荐宝贝、店铺风格等。

1. 基本设置

登录淘宝，依次打开"我的淘宝—我是卖家—管理我的店铺"。在左侧"店铺管理"中点击"基本设置"，在打开的页面中可以修改店铺名、店铺类目、店铺介绍；主营项目要手动输入；在"店标"区域单击"浏览"按钮选择已经设计好的店标图片；在"公告"区域中输入店铺公告的内容，如"欢迎光临本店！"，单击"预览"按钮可以查看到效果。

2. 宝贝分类

给宝贝进行分类，是为了方便买家查找。在打开的"管理我的店铺"页面中，可以在左侧点击"宝贝分类"；接着，输入新分类的名称，比如"文房四宝"，并输入排序号（表示排列位置），单击"确定"按钮即可添加。单击对应分类后面的"宝贝列表"按钮，可以通过搜索关键字来添加发布的宝贝，进行分类管理。

3. 推荐宝贝

淘宝提供的"推荐宝贝"功能可以将你最好的16件宝贝拿出来推荐，在店铺的明显位置进行展示。只要打开"管理我的店铺"页面，在左侧点击"推荐宝贝"，然后，就可以在打开的页面中选择推荐的宝贝，单击"推荐"按钮即可。

4. 店铺风格

不同的店铺风格适合不同的宝贝，给买家的感觉也不一样，一般选择色彩淡雅、看起来舒适的风格即可。选择一种风格模板，右侧会显示预览画面，单击"确定"按钮就可以应用这个风格。在店铺装修之后，一个焕然一新的页面就出现在了面前。

五、推广是成功的关键

网上小店开了，宝贝也上架了，特色也有了，可是几周时间过去了还是没有成交，连买家的留言都没有，这是很多新手卖家经常遇到的问题。这个时候，你就要主动出击了。大多数新手都曾遇到这样的苦恼，于是就需要你通过论坛宣传、交换链接、橱窗推荐和好友宣传四种方式给小店打广告。

六、宝贝出售后

在宝贝售出之后，除了会收到相应的售出提醒信息，还需要主动联系买家，要求买家支付货款，进行发货以及交易完成后的评价或投诉等。

小本创业投资指南

创业大多从小本开始，小本创业也要讲究一定的方法。在选择投资领域时，女性朋友要注意下列这些方面。

1. 大人不如小孩

儿童是中国消费市场中很重要的一个群体，儿童产品的市场大，随机购买性强，容易受广告、情绪、环境的影响，是一个很有朝气的市场。在中国，满足了孩子的需求，在很大程度上就是满足了父母的需求。举一个很简单的例子，某海洋馆顾客稀少、生意冷淡，于是决策者作出如下决策：为答谢游客对海洋馆的支持，儿童一律免票。果然，海洋馆立刻游人如织，门票销售大增。究其原因，由于海洋馆儿童免票，很多父母便携带孩子前来游玩，门票销售自然陡增。

2. 男人不如女人

无论是在服装市场还是在食品市场，女性往往都是顾客的主体。即使有男性，也往往是女性的跟班，不过是拎拎东西罢了，而挑选东西往往是女性的专利。女人掌管家庭财务，不仅会直接消费，还负责整个家庭的消费采购，是最大的购买群体。有市场调查表明，社会购买力70%以上是掌握在女人的手里。把市场目标对象锁定为女人，生产适合女性眼光的产品，你会发现有更多的赚钱机会。

3. 用品不如食品

"民以食为天"，食品是人们日常生活的必需品，永远都不会失去消费者。食品市场非常大，需求比较稳定，而且政府除了技术监督、卫生管理外，对食品业的规模、品种、布局、结构等一般不予干涉。食品业投资规模变化范围可大可小，切入容易，选择余地较大。

4. 重工不如轻工

我们往往会有这样的经验，经营重工业的往往都是国有企业，而从事重工业的私人企业则很少。这是因为，重工业投资门槛高，技术要求高，见效慢。小本创业不适合投资重工业，若小本创业把大量的资金投资于重工业，非常容易出现资金短缺的困难，不利于企业的发展。

与重工业相比，轻工业无论是在生产加工还是流通贸易上都具有较大的灵活性，具有周期短、投资规模小、技术要求低、风险小、可以在短期内见效等优点，比较适合小本创业。

5. 做生不如做熟

俗话说"隔行如隔山"，投资自己一无所知的行业，需要特别慎重，要深入学习，以免付出昂贵的学费，如果选择自己熟悉的行业，就能拥有更多的信息，能对商品是否有市场、有前途、不同产品的优劣及消费者的要求、市场发展的方向等做出正确的判断与决策。

6. 多元不如专业

多元化有很多优点，如抗风险能力比较强、客户群体更广泛等。但多元化只适合规模较大的企业，因为大企业有足够的资源支撑多元化；而小企业的资源有限，多元化不仅不能降低风险，由于对其他行业不了解，反而加大了风险。专业化生产及流通容易形成技术优势和批量经营优势，能够充分体现自身的优势，所以，在企业规模不大时最好只专注于一个产品。专注于一个产品，打出品牌来，等到企业规模发展大了，再向多元化发展也不迟。